安徽省高等学校省级研究生规划教材
安徽省研究生质量工程项目（2022ghjc081）
安徽省高等学校省级质量工程项目（2022jyxm284）
安徽省社科创新发展攻关项目（2022CX117）
安徽省高校人文社科研究重点项目（2023AH050160）
江淮文化名家青年英才项目（20240002）

新型装配式建筑设计与管理

主　编：干申启

参　编：聂　玮　刘存钢　汪　强

东南大学出版社
SOUTHEAST UNIVERSITY PRESS
·南京·

图书在版编目(CIP)数据

新型装配式建筑设计与管理 / 干申启主编 .-- 南京：东南大学出版社 , 2024.8. --ISBN 978-7-5766-1521-0

Ⅰ . TU3

中国国家版本馆 CIP 数据核字第 2024LL5826 号

责任编辑：贺玮玮　　责任校对：韩小亮　　封面设计：王　玥　　责任印制：周荣虎

新型装配式建筑设计与管理

| 主　　编：干申启
| 出版发行：东南大学出版社
| 出 版 人：白云飞
| 社　　址：南京市四牌楼2号　邮编：210096
| 网　　址：http://www.seupress.com
| 经　　销：全国各地新华书店
| 印　　刷：南京玉河印刷厂
| 开　　本：787 mm×1 092 mm　1/16
| 印　　张：12.75
| 字　　数：280千字
| 版　　次：2024年8月第1版
| 印　　次：2024年8月第1次印刷
| 书　　号：ISBN 978-7-5766-1521-0
| 定　　价：69.00元

本社图书若有印装质量问题，请直接与营销部联系，电话：025-83791830

前言

为进一步推动建筑业转型发展，2022年住房和城乡建设部印发了《"十四五"建筑业发展规划》（简称《发展规划》），提出要大力推广应用装配式建筑，积极培育一批装配式建筑生产基地，鼓励建筑企业、互联网企业和科研院所等开展合作，加强物联网、大数据、云计算、人工智能、区块链等新一代信息技术在建筑领域中的融合应用，等等。《发展规划》还特别提出，到2025年我国装配式建筑占新建建筑的比例要达到30%以上。大力提升装配式建筑设计、建造与信息化管理技术水平是未来我国建筑工业化发展的重中之重，也是建筑业节能减排和产业升级的必经之路。

在我国建筑业全面落实《发展规划》各项要求，大力推广装配式建筑之际，在当前装配式建筑的教学中，土木建筑相关专业在新型装配式建筑设计建造、运维管理和信息化技术方面的教材存在不足，尤其是研究生教材还较为缺乏。针对这一状况，本书编者立足国内外装配式建筑应用和发展的现状，经过大量的调研、研究和实践，旨在编写一本涵盖装配式建筑上述有关内容，知识性强、信息量大、实用性强并具有思想前瞻性的教材，以期应对并解决这一问题。希望我们此处的努力能够为高校装配式建筑教学，特别是为研究生专业教学做出贡献。

本书主要介绍了新型装配式建筑的基本概念、发展沿革、技术体系、设计方法、建造运输和施工过程，装配式建筑的运维管理，装配式建筑维护更新的技术应用、国内外装配式案例分析，以及装配式建筑的未来发展等。

本书也可作为装配式建筑相关专业的教学参考书，还可为相关人员提供一定的技术参考。

干申启为本书主编，主要负责制订各章提纲、提出要点、审改定稿等，并编写本书的第一章、第二章、第五章、第六章和第八章；聂玮主要编写本书的第三章；刘存钢主要编写第四章；汪强主要编写第七章。

感谢冯家望、陈文祥、高洁、赵文瑄和李会林对本书的支持帮助，他们在资料搜集、文字排版和图片编辑等方面做了大量细致而卓有成效的工作。

感谢本书的责任编辑贺玮玮，为本书的编辑和校订工作付出了大量心血，使得本书得以高效出版。

  编者在本书的编撰过程中还参阅了相关文献和资料。由于编写时间仓促，编者的学术水平和实践经验有限，书中难免存在不妥和疏漏之处，敬请同行专家和广大读者批评指正，编者在此一并感谢。

编者

2024 年 7 月

目 录

第一章 概述 ·· 001
  1.1 装配式建筑概念和发展背景 ·· 001
    1.1.1 装配式建筑概念 ·· 001
    1.1.2 装配式建筑发展背景 ·· 002
  1.2 国内外装配式建筑发展沿革 ·· 003
    1.2.1 国内 ·· 003
    1.2.2 国外 ·· 006
  1.3 装配式建筑的优缺点 ·· 014
    1.3.1 装配式建筑的优势 ·· 014
    1.3.2 装配式建筑的劣势 ·· 015
  1.4 本章小结 ··· 016

第二章 装配式建筑的技术体系 ·· 017
  2.1 大板建筑体系 ··· 017
    2.1.1 住房制度变更因素 ·· 018
    2.1.2 建筑标准化与多样化的矛盾 ······································· 018
    2.1.3 企业产值与研究成本的矛盾 ······································· 019
    2.1.4 产业链尚未实现一体化 ··· 019
    2.1.5 其他因素 ··· 019
  2.2 装配式混凝土结构体系 ··· 020
    2.2.1 装配式混凝土结构分类 ··· 021
    2.2.2 装配式混凝土结构预制部品构造 ······························· 021
    2.2.3 预制部品连接技术与工法 ··· 022

2.3 装配式钢结构体系 024
2.3.1 构件制作流程与重难点分析 024
2.3.2 主体结构施工 029
2.4 其他结构体系 034
2.4.1 竹木结构体系 034
2.4.2 轻型铝合金结构体系 036
2.5 本章小结 037

第三章 装配式建筑的设计方法 039
3.1 "构件法"设计方法简介 039
3.1.1 构件法定义的概念 039
3.1.2 构件的交织关系与独立关系 040
3.1.3 功能构件组 041
3.1.4 性能构建组 042
3.1.5 文化构件组 046
3.2 装配式建筑集成设计概述 048
3.2.1 发展背景 048
3.2.2 设计特点 048
3.2.3 集成设计案例——东南大学轻型结构房屋 050
3.3 装配式建筑集成设计原则 052
3.3.1 模数化设计 052
3.3.2 标准化设计 052
3.3.3 工厂化生产 053
3.3.4 BIM 技术的应用 053
3.3.5 系统集成与协同设计 053
3.3.6 现代化运输与安装 054
3.3.7 可持续性考虑 054
3.4 装配式建筑集成设计流程 054
3.4.1 前期规划与准备阶段 055
3.4.2 设计阶段 055
3.4.3 生产制造阶段 055
3.4.4 现场安装与调试阶段 055

3.4.5 运维与管理阶段……………………………………………………055
3.5 装配式建筑集成设计关键技术详述……………………………………056
　　3.5.1 BIM 技术…………………………………………………………056
　　3.5.2 自动化生产………………………………………………………059
　　3.5.3 材料创新…………………………………………………………060
3.6 装配式建筑集成设计案例分析…………………………………………060
　　3.6.1 项目背景…………………………………………………………060
　　3.6.2 设计创新…………………………………………………………061
　　3.6.3 施工过程…………………………………………………………061
　　3.6.4 性能评估…………………………………………………………064
3.7 装配式建筑集成设计的前景与挑战……………………………………064
　　3.7.1 前景………………………………………………………………064
　　3.7.2 挑战………………………………………………………………065
3.8 本章小结…………………………………………………………………065

第四章 装配式建筑生产建造……………………………………………067
4.1 装配式预制混凝土建筑…………………………………………………067
　　4.1.1 预制混凝土构件制作……………………………………………067
　　4.1.2 装配式混凝土建筑施工…………………………………………073
4.2 装配式钢结构建筑………………………………………………………077
　　4.2.1 生产工艺分类……………………………………………………077
　　4.2.2 普通钢结构构件制作工艺………………………………………078
　　4.2.3 其他制作工艺简述………………………………………………080
　　4.2.4 钢结构构件运输…………………………………………………080
　　4.2.5 装配式钢结构建筑施工安装……………………………………081
　　4.2.6 施工安装质量控制要点…………………………………………083
4.3 装配式木结构建筑………………………………………………………083
　　4.3.1 木结构构件制作…………………………………………………084
　　4.3.2 运输与储存………………………………………………………086
　　4.3.3 木结构安装施工与验收…………………………………………087
　　4.3.4 防火施工要点……………………………………………………090
4.4 其他装配式组合结构建筑………………………………………………090

4.4.1 分类 …………………………………………………… 090
4.4.2 装配式组合结构的优点与缺点 ……………………… 091
4.5 **本章小结** ……………………………………………………… 091

第五章 装配式建筑的运维管理 ……………………………… 093
5.1 装配式建筑的运行维护 ………………………………………… 093
5.2 装配式建筑的信息化管理 ……………………………………… 095
5.3 装配式建筑的更新改造 ………………………………………… 097
5.4 装配式建筑的拆除回收利用 …………………………………… 100
5.4.1 小弓匠胡同6号北京平房院落改建案例 …………… 100
5.4.2 白塔寺杂院预制模块化设计 ………………………… 102
5.4.3 南锣鼓巷大杂院改造 ………………………………… 103
5.4.4 白塔寺"未来之家"项目 …………………………… 104
5.4.5 东南大学的"梦想居"（一种预组装房屋系统）… 105
5.5 **本章小结** ……………………………………………………… 106

第六章 装配式建筑可维护更新的技术应用研究 ……………… 109
6.1 协同设计在装配式建筑可维护更新中的应用 ………………… 109
6.1.1 装配式建筑协同设计的基本概念及特征 …………… 109
6.1.2 装配式建筑协同设计的应用内容和目标 …………… 110
6.1.3 装配式建筑协同设计的工具——BIM技术的系统架构 …… 112
6.1.4 协同设计在装配式建筑可维护更新中的应用 ……… 119
6.2 计算机编码技术在装配式建筑可维护更新中的应用 ………… 122
6.2.1 装配式建筑构件的分类系统 ………………………… 122
6.2.2 装配式建筑构件库及参数体系架构 ………………… 123
6.2.3 构件编码规则与技术实现措施 ……………………… 129
6.2.4 计算机编码技术在装配式建筑可维护更新中的应用 …… 140
6.3 构件信息跟踪反馈技术在装配式建筑可维护更新中的应用 … 141
6.3.1 构件信息化技术 ……………………………………… 141
6.3.2 RFID对象标识技术 …………………………………… 141
6.4 装配式建筑维护更新技术应用系统的建立 …………………… 142
6.4.1 基于BIM的装配式建筑可维护更新技术应用系统 … 142

6.4.2 信息监管平台的建立 ··· 144
　6.5 本章小结 ··· 147

第七章　国内外装配式建筑案例 ·· 149
　7.1 国内装配式建筑 ·· 149
　　7.1.1 国内公共建筑 ·· 149
　　7.1.2 国内装配式住宅 ··· 165
　7.2 国外装配式建筑 ·· 179
　　7.2.1 澳大利亚 Assembly Three 装配式木屋 ······························· 179
　　7.2.2 莫斯科 DD16 模块住宅 ··· 181
　　7.2.3 南非 Drivelines Studios 住宅楼 ·· 183
　　7.2.4 西班牙露德圣母学校体育馆 ·· 184
　　7.2.5 伦敦拱形隧道 ·· 185
　　7.2.6 丹麦奥尔堡东港 G2 停车楼 ··· 189
　7.3 本章小结 ··· 190

第八章　结语——装配式建筑的未来发展 ································· 193

第一章 概述

1.1 装配式建筑概念和发展背景

1.1.1 装配式建筑概念

装配式建筑是指工厂化生产预制构件，在工地进行吊装、拼装式施工，从而实现建筑的环保、节能，以及绿色建筑的主要发展要求，这样才能形成施工、生产与设计一体化发展的建筑模式。装配式建筑具有标准化设计、工厂化构件生产、机械化施工、信息化管理等特征，使劳动效率大幅提升的同时缩短了施工周期，保障了工程建造质量，提升了建造的综合经济效益（图1.1-1）。

预制装配式技术是指将构件生产厂已生产好的构配件，运输到施工现场，使用机械吊装，采用的连接模式也是一定的，比如浆锚搭接的连接方式或者是套筒灌浆的连接方式，将分散的预制构配件连接成完整整体的房屋建造方法。

图1.1-1 装配式建筑示例图
（图片来源：网络资源）

现阶段我国正处于加速建设城市化的道路上，而且房地产市场在我国经济增长中是比较重要的方面，人们对房屋品质的要求也在提升，原有的建造方式难以跟上社会快速发展的步伐。将原有传统建造模式转变为工业化建造模式可促进建筑行业科学发展、可持续发展。

1.1.2 装配式建筑发展背景

1.1.2.1 政策支持与市场需求驱动

推动装配式建筑的发展离不开政策的大力支持和市场的强烈需求。政府层面对装配式建筑的推广，特别是钢结构和模块化技术的应用，表现出了极大的关注，并推出了多项鼓励政策促进这一行业的成长。这些政策既确保了装配式建筑发展的动力，也为其未来的方向提供了指导。从市场需求方面来看，随着城市化的快速发展和人口增长带来的需求量上升，建筑市场对高质量、高效率及环保建筑的渴求日益增强。钢结构和模块化的装配式建筑因其出色的性能和快速施工能力，逐步赢得了市场的青睐，并呈现持续增长的趋势。科技进步和产业升级进一步将建筑工业化推向前沿，其中钢结构和模块化作为关键技术，正符合行业发展的趋势，并预计将在未来带来更高的设计、生产和施工效率。预计到2025年，装配式建筑的市场规模将达到较高的水平，为国内建筑行业带来新的活力和机遇。

1.1.2.2 技术进步与创新发展

技术的进步和创新是推动装配式建筑，特别是钢结构和模块化技术普及和发展的关键因素。在设计层面，应用先进的设计软件和技术能够提升设计效率和精度，例如建筑信息模型（Building Information Modeling，简称BIM）技术能够在早期设计阶段进行全面模拟，提早识别并解决潜在问题。生产方面，通过采用自动化生产线和3D打印等现代技术，能够高效、精确地生产钢结构和模块化预制构件，显著降低成本。施工环节也将因应用新型技术和设备而更加高效和安全。此外，技术创新将进一步推进装配式建筑在节能、环保和智能化方面的发展，如应用新型保温材料和智能家居技术，提升建筑物的舒适度和智能化水平。

1.1.2.3 产业链协同发展

产业链的协同发展对于优化资源配置、降低成本、提高装配式建筑，特别是钢结构和模块化技术的整体质量和效益至关重要。上游供应链的协作有助于保证原材料和设备的质量及供应稳定性，而中游的生产和施工环节则通过先进技术和管理提升效率和质量。下游的运营和维护阶段，优质服务保证了建筑物的长期使用效益。整个产业链的协同合作还将促进技创新，推动钢结构和模块化建筑在环保、节能和智能化方面的发展。

1.2 国内外装配式建筑发展沿革

1.2.1 国内

1.2.1.1 发展背景

装配式建筑，也被称为预制建筑，是一种现代化的建筑方式，其主要特点是在工厂中生产和预制建筑元件，然后将这些元件运输到建筑现场进行组装。这种建筑方式相比传统的现浇方式，具有建造速度快、质量高、环保等优点。

我国装配式建筑发展较晚，主要经历了三个阶段，分别是开创期（20世纪50年代中期至20世纪70年代中期）、持续发展期（20世纪70年代中期到20世纪90年代中期）、创新发展期（1999年至今）。

在20世纪中叶，我国开始装配式建筑探索，这是国内装配式建筑发展的开端，1956年，国务院颁布了《关于加强和发展建筑工业的决定》中提出："为了从根本上改善我国建筑工业，必须积极地、有步骤地实行工业化、机械化施工，逐步完成对建筑工业的技术改造，逐步完成向建筑工业化的过渡。"体现了装配式建筑的基本特征即三化性（设计标准化、构件生产工厂化、施工机械化），第一次为我国装配式建筑指明了发展方向。这一时期，建筑工业化的应用领域逐渐从公共建筑和工业建筑过渡发展到住宅建筑，主要借助当时的苏联技术。大规模的建设彰显预制装配式建造技术的优越性，对节约钢筋、水泥、木材起到了积极作用。然而，由于当时科学研究水平不高，满足不了建设过程中进度要求，许多施工技术未经系统性和理论性的分析和验证，多种专用材料性能、质量达不到实际工程要求就被投入使用，出现较多劣质工程，满足不了抗震要求，房屋坍塌事故屡次发生。进入20世纪70年代末，我国城市主要是多层无筋砖混结构住宅，该类型住宅以小型黏土砖砌成的墙体承重，楼板多采用预制空心楼板，因其技术方面处理不当，出现了墙上的支撑面不充分、墙体无配筋、水平楼板无拉结等一系列问题。此后，装配式建筑的发展推动了相关标准规范出台，1978年，装配式建筑标准《装配式大板居住建筑结构设计和施工暂行规定》（J78-1）由国家基本建设委员会颁布，两年后又进行了修编。20世纪80年代，随着改革开放大门打开，海外先进装配式建造技术带动国内建筑工业化产业迅猛发展，在全国大中城市率先实施大板建筑，工程量也达到了一定的规模（具有建造速度快、房型标准等优点），全国竣工大板住宅700万 m^2。1987年，全国每年建设50万 m^2 住宅（约三万套住宅生产能力），但尺寸造型缺乏变化，无法满足日益多样化的诉求，同时受材料、技术、工艺、设备等诸多因素的影响，出现开裂、渗漏，保温隔热性能差等问题。现浇建筑很快就代替了大板建筑，装配式建造陷入沉寂。1999年，国务院办公厅发布《关于推进住宅产业化提高住宅质量的若干意见》，它是我国一段时间内住宅产业现代化纲领性文件，系统性提出了推进住宅产业化任务目标，要求吸收引进先进外来技术，推广"四新技术"（新技术、新产品、新材料、新工艺），把装配式建筑发展推向了新的阶段。

此后，装配式砌块试验住宅多数采用纵向墙承重方案，在施工现场进行构件和楼板的装配，创造出8天建造一栋完整四层楼房的记录。该住宅的建设大大缩短了施工工期，构件现场装配减少了工人的劳动量，同时，建筑物外观设计美观多变，使工程师和设计师体会到装配式建筑的优势。随着装配式建筑逐渐被普及，越来越多的建筑物使用装配式构件进行建造，国家也对装配式建筑逐步重视起来。

2006年，建设部颁布了《国家住宅产业化基地试行办法》，30个国家住宅产业化基地相继在全国各地建立，以点带面，全面推进住宅产业现代化。在2013年召开的双周协商座谈会上，发展"建筑信息产业化"的建议提上日程。2013年末，住房和城乡建设部在工作会议上积极响应"促进建设产业化"的发展要求，2014年住房和城乡建设部出台《关于推进建筑业发展和改革的若干意见》，明确提出"统筹规划建筑产业现代化发展目标和路径。推动建筑产业现代化结构体系……进一步发挥政府投资项目的试点示范引导作用。"2016年，《中共中央 国务院关于进一步加强城市规划建设管理工作的若干意见》提出，"发展新型建造方式，大力推广装配式建筑"。计划要用10年左右时间，使装配式建筑占新建筑的比例达到三成。2016年9月，国务院办公厅印发的《关于大力发展装配式建筑的指导意见》，成为指导我国装配式建筑发展很长一段时间的纲领性文件。2017年，住房和城乡建设部印发了《"十三五"装配式建筑行动方案》，细化了工作目标、重点任务，使得地方政府在装配式建筑发展目标、支持政策、技术标准、项目实施、发展机制等方面能够更好发挥示范引领作用。随着各地积极推进装配式建筑项目落地，我国新建装配式建筑规模不断壮大。据统计，2022年，全国新开工装配式建筑面积达8.1亿m^2，较2021年增长9.5%，占新建筑面积的26.2%。

1.2.1.2 香港装配式建筑

香港早期的建造工艺都是传统的工法，外墙和楼板全是现场支模现浇混凝土，内墙用砖砌筑。由于建筑管理是粗放式的，建筑材料浪费严重，产生大量建筑垃圾，无法有效控制施工质量，导致后期维修费用不断上升；而且随着本地工人工资上涨，建筑工程费用逐年增长。在推进公屋、居屋和私人商品房的预制装配工业化施工方面，香港房屋委员会（简称房委会）

第一章 概述

图1.2-1 香港装配式建筑
（图片来源：百度图片）

采取了不同的措施（图1.2-1）。

从20世纪80年代后期开始，由于户型标准化设计，为了加快建设速度、保证施工质量、实现建筑环保，香港房屋委员会提出预制构件的概念，开始在公屋建设中使用预制混凝土构件。当时主要是从法国、日本等国家引入技术，采取"后装"工法，主体现场浇注完成后，外墙的预制构件都是在工地制作后逐层吊装。由于整个预制构件行业制作水平及工人素质的差距，导致预制构件加工尺寸等难以精确控制，质量难以保证，而且后装的构件与主体外墙之间的拼接位置极易出现渗水问题。香港房屋委员会经研究和摸索，结合香港的实际提出"先装"工法，所有预制构件都预留钢筋，主体结构一般采用现浇混凝土结构，施工顺序为先安装预制外墙，后进行内部主体现浇的方式，预制的外墙既可作为非承重墙，也可作为承重的结构墙。由于先将墙体准确地固定在设计的位置，主体结构的混凝土在现场浇筑，待现浇部分完全固结后形成整体结构，因此对预制构件的尺寸精度要求不高，降低了构件生产的难度，同时每一次浇筑混凝土都是"消除误差"的机会，提高了成品房屋的质量，而且整体式的结构提高了房屋防水、隔声的性能，基本解决了外墙渗水问题。后来香港逐渐把构件预制的工作转移到预制构件厂，外墙预制构件取得成功后，香港房屋委员会进一步推动预制装配式的工业化施工方法，把楼梯、内隔墙板也进行预制。到现在整体厨房和卫生间也已改为预制构件，并且强制要求在公屋建造中使用预制构件，目前最高预制比例达到了40%。公共房屋的设计标准化，使得预制构件的规模化生产成为可能，带来了不错的效率和效益。1998年以后，私人商品房开发项目也开始应用预制外墙技术，但是由于预制外墙的成本较高，在2002年之前，香港仅有4个私人商品房开发项目采用了预制建造技术。其大量使用是从 2002 年开始的,这主要归功于政府的两项政策。为鼓励发展商提供环保设施,采用环保建筑方法和技术创新,2001 年和 2002 年香港屋宇署、地政总署和规划署等部门联合发布《联合作业备考第 1 号》及《联合作业备考第 2 号》,规定露台、空中花园、非结构外墙等采用预制构件的项目将获得面积豁免,外墙面积不计入建筑面积,可获豁免的累积总建筑面积不得超过项目的规划总建筑面积的 8%,其实是变相提高容积率,多出的可售面积可以部分抵消房地产开发商的成本增加。目前,私人商品房大部分采用的是外墙预制件。

1.2.2 国外

1.2.2.1 美国

在美国,装配式建筑的历史可以追溯到 19 世纪初。由于西部开发的需要,装配式木结构房屋开始在美国东部的工厂生产,然后通过铁路运输到西部进行组装。这种建筑方式因其快速、经济的特点,迅速在美国得到了普及。然而,美国真正的装配式建筑的大规模发展是在第二次世界大战后。第二次世界大战后,美国面临着大规模的住房需求,而传统的建筑方式无法满足这种需求。于是,装配式建筑开始得到了政府和企业的重视,开始探索以理性化和标准化的方式设计和建造房屋。基于木质轻型框架结构、可以快速建造的组件房屋 kit house(图 1.2-2)被大量生产。1946 年,美国联邦政府通过了"退伍军人紧急住房法案"(Veteran's Emergency Housing Act, VEHA),授权私人企业在不到两年的时间内生产 85 万套预

图1.2-2 kit house
(图片来源:百度图片)

制独立住宅。VEHA 法案促成战后住房设计的多种研究，其中包括格罗皮乌斯的"打包房屋系统"。1948 年 Lustron 公司在战后空置的飞机厂房内生产形式简洁的全钢房屋，其内外墙由完全预制的珐琅钢制成，耐久且方便维护，希望吸引没有时间或兴趣对传统木质和石膏板住宅进行维修的现代家庭。但由于造价昂贵，仅建造了 2500 套住房。威廉·莱维特借助 VEHA 的机遇，组织工人利用装配线生产，最大限度地提高木质轻型结构房屋的建造效率。莱维特于 1945 年在宾夕法尼亚州开发了 Levittown，房屋具有非常相似的外观，代表了美国郊区住宅用地进行饼干切割（Cookie-Cut）开发热潮的到来。

在 20 世纪 50 年代，由于人口流动引发了对低成本快速建造房屋的需求，美国的移动房屋产业也得到了发展。移动房屋完全按照模块化方式在工厂制造，安装在底盘上，并由卡车拉到工地。移动住宅保留了轮子，使其可以移动。到了 1968 年，移动房屋占美国所有独立式住宅的四分之一。移动房屋的宽度也从最初的 8 ft（1 ft 为 30.48 cm）宽发展到最大 14 ft 宽，从而更加舒适，得到更广泛的接受。1976 年起，移动房屋开始有两个单元的组合，宽度达到了 28 ft。而随着建筑法规的变化，这种建筑类型不再是拖车，而是一个永久性的住房，质量也在不断提高。1968 年，保罗·鲁道夫发展移动房屋理念，为纽黑文市的低收入家庭设计了东方共济会花园（Oriental Masonic Gardens）。带有拱顶的房屋安装在拖车上直接被卡车拉到现场，并通过起重机吊装，放置为双层风车状布局，同时限定出遮蔽空间和花园空间，最终形成一种聚落空间。

1969 年至 1976 年，时任美国总统尼克松与住房和城市发展局局长乔治·罗姆尼推出"突破行动"（Operation Breakthrough），旨在为低收入家庭带来物美价廉的工业化住房，并计划在十年内建设 2600 万套新住房。之后在美国 9 个城市建造了近 3000 户原型住宅，与目标距离相差甚远。虽然很多年轻建筑师抓住机会展示了创新的建筑，但与之前的工业化实验一样，材料采购、通用需求、单元生产和可变性之间的关联很难实现，同时也遭遇了运输成本、建筑法规变化、劳工反对等问题。

美国装配式建筑由于地域不同也呈现出不同的发展特点，大城市采用预制钢筋混凝土结构和钢结构，小城市以发展轻钢结构和木结构为主。其中装配式钢结构体系的发展已经逐渐成熟，从 20 世纪 60 年代开始到现在，轻钢龙骨构架体系已得到成熟应用，建筑结构材料的一体化和产业化得到全面发展，发展的装配式钢结构建筑主要由钢框架结构构件、围护体系构件、屋面系统与附属构件四部分组成，且主要用于低层非居住建筑，包括厂房、仓库等设施。其城市住宅建设基本采用装配式混凝土结构和钢结构，达成有效降低建设成本的目的，提高了工厂生产的普适性，增加了施工作业的可能性。经国家认可的美国国家标准学会（American National

图1.2-3 美国陶森大学
（图片来源：百度图片）

Standards Institute, ANSI）和美国材料与试验协会（American Society for Testing and Materials, ASTM）等机构负责制定、发布、管理规范。其中美国预制与预应力混凝土协会（Precast/Prestressed Concrete Institute, PCI）长期致力于研究装配式混凝土建筑的推广，该协会1971年颁布的第一版《PCI设计手册》至今已经至第八版，不仅在美国而且在世界上也具有非常广泛的影响力。多年发展，目前美国装配式建筑的主要结构体系有：ACSTC干连接装配混凝土结构体系，DBS多层轻钢结构住宅体系，Conxtech 钢框架技术体系，Modu-larize 模块化技术体系等；同时市场方面更加完善，具有较高的社会化与专业化程度。

在美国 PCI 协会的推动下，预制混凝土双 T 板、预制预应力空心板、预制夹心保温外墙板得到最大程度的普及。其中预制混凝土双 T 板，因其适用于大跨度建筑等优势得到大力推广，装配式建筑由此得到更多人关注，并对装配式建筑起到极大的推动作用。如美国陶森大学华西六层停车库（图 1.2-3）就是预制混凝土双 T 板应用的典型案例点。

1.2.2.2 英国

英国的装配式建筑的历史可以追溯到 19 世纪的工业革命时期。由于工业化的推进，大量的工人涌入城市，这使得城市的住房需求急剧增加。为了满足这种需求，英国开始在工厂中生产预制的木结构房屋，然后在城市中进行组装。装配式建筑在英国的大规模发展是在第二次世界大战后。战后，英国面临着大规模的住房重建需求，而传统的建筑方式无法满足这种需求。于是，装配式建筑开始在英国得到了大规模的应用，特别是在住房建设中，Nissen 小屋（图 1.2-4），类似美国的 Quonset 小屋，亦即一

图1.2-4 Nissen小屋
（图片来源：百度图片）

种拱形的轻钢房屋，被英国作为紧急住房。

之后，由于较差的住房条件以及战争带来的住房短缺，英国政府逐步发起了二十多种临时性工业化住房项目。最早的是在1944年采用轻质钢框架的Portal House项目，但成本太高；之后的项目包括采用钢框架和石棉板的Arcon系统，采用木框架和石棉水泥覆板的Uni-Seco系统，采用轻木框架结构和钢筋混凝土板的Tarran系统。铝制AIROH平房是这些工业化生产中最重要的项目之一，采用的是类似于早期飞机的应力蒙皮结构，半硬壳式外墙填充了砂浆基绝缘材料。一个完整的房屋被分为4个部分，通过卡车运输到现场并用螺栓固定在一起。建筑部件在闲置的飞机工厂建造，包括集成的浴室、冰箱和设备管道。此外，推广较为广泛的有Wimpey No-fines（无砂混凝土）系统，这是一种基于金属预制框架和现场浇筑混凝土的混合系统，造价低廉，不需要熟练的劳动力。该系统拥有11种房屋类型，整个外墙通过可重复使用的模板一次性浇筑。

1.2.2.3 德国

德国最早采用PC构件装配式的住宅是19世纪20年代位于柏林的伤残军人住所，现如今该项目成为施普朗曼居住区。采用了现场预制混凝土多层复合板材构件的形式，最重的构件达到了7吨，在此之后，装配式PC构件开始被大量运用到军队场所中去，尤其是第二次世界大战后，20世纪50年代开始被广泛运用到因战争分离的东德地区以及西德工业厂房，通过预制装配式建造了大量多层装配式结构住宅。20世纪60年代至20世纪80年代，德国工业化得到了快速发展，提高性价比和质量开始成为重点，伴随着经济持续发展，人们对房屋的舒适性提出更高的要求，且专业工人稀缺以及产业深化发展，加剧了 PC 构件的工业化生产。除了传统住宅产业外，德国学校也得到广泛建设，这使得大型梁板柱在装配式框架结构中接受度越来越高，特别是西德地区工业厂房以及体育馆的建筑使得预制柱、预制桁架、顶棚的桁条也得到了应用。此后的发展，开始着重降低住宅能源和环境负荷，从全球装配式发展来看，德国作为装配式领域建筑能耗降幅程度最突出的国家之一，最先提出了被动式建筑体系（即零能耗）。无论设备节能装置

图1.2-5　德国装配式建筑
（图片来源：百度图片）

还是被动式建筑设计，都与其先进的住宅工业化密切相关（图 1.2-5）。

1.2.2.4　法国

法国工业家尤金·莫平在 20 世纪初发明了由混凝土包裹的钢框架结构系统，建筑外围护系统由轻质的预制混凝土板构成，并与钢结构相连，同时充当混凝土补强的模板，这是一种理念非常先进的系统，1932 年其被用在了位于巴黎远郊的 La Cité de la Muette 项目中。有研究显示，勒·柯布西耶的马赛公寓想使用同样的系统，但由于战后钢材短缺而放弃，1930 年的国际现代建筑协会（Congrès International d'Architecture Modern, CIAM）第三次会议将最低标准住宅和合理化建筑作为主要议题。勒·柯布西耶亦借鉴工业领域的技术和形式，他在《走向新建筑》（1927 年）中写道：住房问题是一个时代的问题。社会的平衡依赖于它。批量生产是建立在分析与实验基础上的。大工业应当从事建造房屋，并成批地制造住宅的构件。必须树立大批量生产的精神面貌。勒·柯布西耶于 1914 年设计的 Domino 住宅是一个基于混凝土柱和无梁悬挑楼板的开放系统。用户可以将预制的、序列化生产的窗户、门和步入式衣橱置入进去。他还将 1921 年设计的大批量生产住宅命名为"雪铁龙"，意味着要像交通工具一样来考虑内部布置的高效性。1924 年建成的位于波尔多 Pessac 的 Cité Frugès 工人住宅是一个以标准化生产为基础，建立多样化组合模式的项目。50 多户住宅以大约 5 m×5 m 的模块为基础单元，加上半单元模块，重复实现不同的组合。共有 6 种住房类型，并带有露台、天井、模块化的窗户以及为车库预留的空间。法国工程师让·普鲁维是现代工业美学的先驱，他着迷于制造飞机、船舶、汽车的金属板和塑料的结构潜力及加工方式；他不强调建筑的形式，而关注选取适合的材料，并将其高效地用于生产和建造。位于巴黎郊区的 Maison du Peuple（图 1.2-6）是法国第一个预制钢结构玻璃

第一章 概述

图1.2-6 Maison du Peuple
（图片来源：百度图片）

幕墙建筑，屋顶、楼板和隔墙可以移动以适应不同的功能；底层每块立面板由两块钢板制成，由床架弹簧支撑，边缘被折叠并被点焊在一起，腔体填充有矿棉保温层，形成一种高度工业化和具有良好性能的预制墙体构造。20世纪40年代末设计的Maison Tropicale原本是为了满足法国的西非殖民地的大规模住房需求而设计的。建筑采用金属结构，铝制滑动门，带遮阳的露台和架空的地板可以用来调节微气候。一共生产了三个Maison Tropicale，其中两个由飞机运往刚果进行组装营销展示，但最后都作为艺术品在纽约、伦敦、巴黎展示。普鲁维精心设计了用集装箱进行运输的箱体布置图，而这些房子也经历了"预制—组装—拆卸—重新使用"的装配式建筑完整生命周期。

1.2.2.5 瑞典

瑞典是世界上住宅装配化应用最广泛的国家，其建立的住宅通用体以实现标准化使用的通用构件为基础。瑞典采用大型混凝土预制板装配式技术体系并建立了标准化的设计体系——"瑞典工业标准"（Swedish Institute for Standards, SIS）。为推动装配式建筑产品建筑工业化通用体系和专用体系发展，政府鼓励只要使用按照国家标准协会的建筑标准制造的结构部件来建造建筑产品，就能获得政府资金支持。目前其国内约80%的住宅建设皆使用此标准体系。

1.2.2.6 丹麦

丹麦早在20世纪50年代便开始了混凝土墙板部件的研发，并以发展装配式混凝土结构为主，主要为装配式大板结构和箱式模块结构。目前，新建住宅中通用构件的使用达80%。丹麦是第一个将模数法制化应用在装配式建筑领域中的国家，其推行建筑工业化的途径实际上是以产品目录设计为标准的体系，使部件达到标准化，然后在此基础上，实现多元化的需求；同时在政府层面推动此标准体系的实施，由政府投资的建设项目必须按照此办法进行设计与施工（图1.2-7）。

1.2.2.7 日本

经历战争的破坏后，日本社会急于恢复正常的社会生产，对住宅的需求大大增加，为短时间内满足日益增长的住宅和城市建设需要，以及解决劳动力短缺等问题，日本开始了对于新型建筑方式的探索，通过工厂化的生产方式进行大规模的城市建设，建筑工业化应运而生。经过半个多世纪的发展，

图1.2-7 丹麦装配式建筑
（图片来源：百度图片）

在政府的大力推动下，通过多个五年计划和三年计划，日本装配式建筑发展进入快车道，追求数量与质量并重，逐步形成完备的工业化生产体系。

日本的装配式建筑发展特点根据其使用的主体结构的不同，可以分为木结构、钢结构以及预制钢筋混凝土结构（Precast Concrete, PC）。日本钢结构和木结构采用的设计标准与普通木结构和钢结构的相同，因具有制作简单、成本低、施工方便的优势而在低层住宅中得到大量使用，而高层或多层装配式建筑由于更高的抗震要求，采用钢结构体系。

此外，由于日本是地震频发的国家，对于建筑中隔震与减震技术的研发与应用一直处于世界前列，日本使用的是更为安全有效的结构底座隔震技术（图1.2-8），这种技术通过在建筑底部设置可以水平方向移动又可以有效支撑起建筑主体的隔震层，同时在隔震层中安装阻尼器。地震时，地面的震动被隔震层消减，并通过阻尼器避免过大的变形。而减震技术是指在建筑中设置阻尼器，其目的在于减少包括地震以及其他因素造成的建筑物的震动，相比于隔震技术，减震技术成本低、工艺简单，目前在日本已相当普及。由于有成熟的构件安装和生产能力以及工人较高的专业素质，而且日本的建筑施工中主要以湿连接为主，为设计方案提供了很大的创作空间，因此具有良好减震抗震效果的装配式混凝土建筑得到了快速的发展。

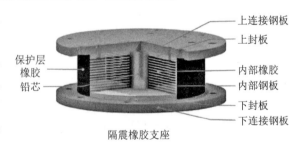

图1.2-8 结构底座隔震技术
（图片来源：百度图片）

1.2.2.8 新加坡

新加坡相较于其他国家已很好地解决了国民住宅问题，其建设的大多数住宅多采用预制钢筋混凝土结构和装配化施工方法，并集中于塔式或板式建筑。新加坡建国初期，政府面前三大难题——住房、就业和交通。当时全国有四成的人口居住在棚户区，住房成了其中最为突出的问题。政府开始加大对住宅建设的投入，装配式建筑技术由此起步，伴随着政策投入的不断加大，装配式建筑理念得到广泛推广。经过多年发展，已成功建成的装配式住宅中主要由政府开发的装配式住宅数量占全国总量的80%以上，已基本解决了新加坡人的住房问题。具体而言，新加坡装配式建筑的发展主要经过了以下阶段：

1. 第一次工业化尝试

新加坡为有效指导国内的住宅建设，于1960年成立建屋发展局，由其负责出台政策与建设规划，在建设中尝试推行装配式建筑，将装配式的生产与施工工艺用于住宅建设。为了研究大板建筑体系在当地的适用性，选择在建设过程中尝试采用法国"Barats"大板预制体系，该体系是法国在20世纪60年代经过大量实践逐渐发展成熟的，曾被多国采纳和学习。理论上来讲，该体系的应用不仅可以使建设成本比传统方法的成本低约6%，而且对于快速提高建设效率有重要的促进作用。但在具体的实施过程中，由于当地的施工企业缺乏预制建筑施工经验，实施效果远低于预期目标，首次建筑工业化实践宣告失败。

2. 第二次工业化尝试

1973年，新加坡建屋发展局计划在6年内建设完成8 820套住宅，在引进装配式技术的过程中发挥后发优势，采用了丹麦大板预制体系，这也成为新加坡进行第二次建筑工业化尝试的标志。新加坡在充分汲取前期失败经验后，此次选择由丹麦和当地合资的建设企业负责施工，选择丹麦大板预制体系，并为此建立了一家工厂生产预制构件以满足建设需求。在合作过程中，因丹麦企业较少进入新加坡市场，对当地建筑行业发展与技术特点缺乏足够的认识，同时当地工人缺乏施工经验，承包商的管理方式不适应本地条件，无法全面掌握施工进度，致使实际建设成本远高于使用传统方法的建设成本。

3. 第三次工业化尝试

1982年，新加坡建屋发展局进行了建筑工业化的第三次尝试，分别和澳大利亚、法国、日本、韩国及本国的建筑企业根据需求开展合作，建设过程中需要采用预制梁柱、预应力楼板、大型预制墙板、现浇墙板和预制卫生间、现浇梁板和预制混凝土轻质隔墙等不同的建筑体系。新加坡建屋发展局计划生产6.5万套住宅，这些项目全部采用全预制结构和现浇与预制相结合的结构体系，并配套使用机械化模板技术。通过三次的建筑工业化尝试，新加坡在结合本土建筑具体情况的基础上，决定采用预制混凝土构件，如预制梁、预制墙板、楼板，以及走廊护墙，并配套使用机械化模板体系。为促进更高标准化并进一步提高生产部件的使用率，于2015年颁布《建筑控制法（可建造性和生产力）条例》（2015版修订第2号）对建设项目规定标准。

通过三次的工业化尝试，新加坡在结合本土具体情况的同时，对工业化生产方式进行了全面总结，通过技术与政策层面的双层措施，其装配式建筑由此进入稳步发展的阶段。新加坡国内的发展重点由满足国内需求以及大规模生产的发展模式转向低量灵活的预制构件生产，更多的预制混凝土构件开始走出住宅建设进入国内其他类型的建筑项目。随着预制技术优越性的体现，工业化生产方式逐渐在全国得到推广。

1.3 装配式建筑的优缺点

1.3.1 装配式建筑的优势

1.3.1.1 提升建筑质量

装配式可以提高设计的精细化、协同化，由此会提高设计质量和建筑品质。装配式可以提高建筑精度。PC 构件的精度远大于现浇构件的精度，预制构件的高精度会带动现场后浇混凝土部分精度的提高。PC 构件的混凝土浇筑、振捣和养护环节的质量远高于现场浇筑混凝土质量。PC 构件便于工厂化生产，质量检查和控制也更容易，可以减少人为失误，提高产品质量。

1.3.1.2 节约材料

装配式建筑可以减少模具材料消耗，特别是减少木模的消耗。如 PC 叠合板，工厂仅需模台和边模，模台和模数化的边模可以被长期周转使用，故可以较大程度地减少模具的消耗。PC 构件表面光洁平整，可以做到清水混凝土要求，故可取消找平层和抹灰层。装配式建筑不能随意开槽凿洞，在 PC 构件一次性预留所有线管点位，可以减少后期装修的开槽凿洞。

1.3.1.3 节能减排环保

装配式建筑可以大幅度减少工地建筑垃圾。装配式建筑可以大幅度减少现浇混凝土量，从而减少工地养护用水和冲洗混凝土罐车的污水排放量。装配式建筑会减少工地浇筑混凝土振捣作业，减少模板、砌块、钢筋等切割作业，由此还会减少施工噪声污染。

1.3.1.4 节省劳动力并改善劳动条件

装配式建筑模板作业，人工大幅度减少，工厂模具可以反复使用，工厂组模、拆模作业的用工量远小于现场现浇混凝土的用工量。生产线的自动化程度比较高，钢筋加工可以实现自动化或半自动化，可以大量节省人工。装配式建筑可以大量减少现场工地劳动力，使建筑业农民工向产业化工人转型。

1.3.1.5 缩短工期

就结构施工而言，装配式建筑达到熟练度后会比现浇建筑施工进度快，装配式建筑减少了现场湿作业，外围护结构与主体结构一体化完成。装配式构件还可以免面层和粉刷，均可以缩短工期。

1.3.1.6 推动全装修的发展

每户单独装修会带来大量的垃圾，还浪费大量的资源。并且很多家庭装修时随意拆改变动房间布局，甚至破坏承重结构，带来巨大的结构安全隐患。政府政策正助推全装修的快速发展。全装修是装配式建筑非常重要的一项内容，也是发展迅速的一个领域。装配式建筑只有与全装修同步推进，才能显现出它的工期优势、品质优势和环保优势等，它的经济效益和环境效益才能够得到充分显现。

1.3.2 装配式建筑的劣势

1.3.2.1 实现个性化的难度大

装配式建筑的主要优势建立在部品、部件、配件和连接节点的规格化、模数化和标准化上。如此，个性化突出且重复元素少的建筑就不太适合装配式。

1.3.2.2 装配式建筑对设计问题宽容度低

现浇混凝土建筑如果设计出了问题，在现场发现后可以补救。但装配式建筑往往等到构件安装时才发现问题，就很难补救了，会造成质量、工期或成本方面的重大损失。

1.3.2.3 现阶段的成本增加问题

目前装配式建筑成本高于现浇混凝土结构的建筑成本。主要为目前PC厂未形成规模化、均衡化生产，专用材料和配件因稀缺而价格高。目前装配式建筑设计的标准化、模数化程度比较低，造成PC构件的模具重复利用率低，故增加了不少成本。目前我国的劳动力成本较发达国家还是低很多，故装配式建筑节省劳动力的优势没那么明显。有些PC异形构件，单个构件自重大、安装复杂，大幅增加了塔吊的费用和安装的费用。由于我国装配安装工人的经验不足、熟练度不高等问题，装配式建筑的缩短工期的优势也没有完全体现。

1.3.2.4 结构设计问题

目前外围护墙基本为PC隔墙为主，PC隔墙与现浇混凝土完全浇筑一体。而结构设计中，PC 隔墙一般作为附加荷载输入，结构周期折减系数比传统的砌块墙适当多折减一点。PC 隔墙对主体和边上构件的影响无法准确体现在计算模型中，对主体结构造成一定的安全隐患。

1.3.2.5　装配式构件连接问题

装配式建筑构件往往在同一截面进行 100% 连接，如预制竖向构件的灌浆套筒连接。灌浆完成后，也无法进行连接的实体检验，只能从灌浆的饱满度，以及单个灌浆套管的拉拔试验判断是否合格。连接的质量直接影响结构的安全性，故对现场作业人员、管理人员、监理人员的技术水平和责任心均要求较高。

1.4　本章小结

本章深入探讨了中国装配式建筑的现状和前景，特别是政策支持和市场需求对行业发展的积极影响。突出了技术创新，如钢结构和模块化设计的推广，对提升建筑效率、降低成本和低碳环境具有重要作用。同时，强调了产业链各环节协同合作的必要性，以及科技进步如何助力装配式建筑的可持续发展和普及。整体而言，展现了装配式建筑作为未来建筑行业发展的巨大潜力。

参考文献

[1] 冯新鑫. 装配式建筑在城市更新项目中的推广与运用兼论装配式建筑对历史保护建筑活化利用 [J]. 中国建筑金属结构，2021(12)：71–72.

[2] 张明鑫. 20 世纪 80 年代我国引进日本装配式建筑技术的历史发展研究：以北京市为例 [D]. 大连：大连理工大学，2021.

[3] 宋戈，罗玉成，邓佳璐. 装配式建筑发展历史研究：深化阶段 [J]. 建筑与文化，2019(11)：208–211.

[4] 刘若南，张健，王羽，等. 中国装配式建筑发展背景及现状 [J]. 住宅与房地产，2019(32)：32–47.

[5] 宋戈，徐沐阳，邓佳璐. 装配式建筑历史：起源及发展阶段 [J]. 建筑与文化，2019(9)：194–197.

[6] 刘波，曾林，叶歆炜. 装配式建筑浅析 [J]. 现代物业（中旬刊），2019，18(3)：72–74.

[7] 张欣. 装配式建筑发展瓶颈与对策研究 [J]. 建筑技术开发，2018，45(8)：7–8.

[8] 韩赟聪，王江. 国内外装配式建筑发展简述 [J]. 居舍，2017(16)：47–48.

第二章 装配式建筑的技术体系

2.1 大板建筑体系

自我国完成第一个五年计划后，随着工业水平的进步和大规模基本建设的刚性需求，为实现建筑业经济与技术领域的双重变革，装配式建筑于20世纪50年代正式走上了历史舞台。当时为了大力推动建筑工业化的发展，我国借鉴苏联建筑行业的经验，并积极引进国外先进的技术设备，开始了对装配式建筑的尝试与研究。北京积极贯彻国家"以农业为基础、工业为主导"的经济发展方针，成为开展装配式建筑研究工作最早的省市之一，并在1955年开办了北京市第一建筑构件厂，1958年兴建了北京东郊十里堡构件厂，也就是北京第三建筑构件厂的前身。

新建筑体系的形成与传统的建筑建造手法是密不可分的，其过渡与演化也始终以传统手法为基础。新中国成立以来，建筑行业的主流结构形式为砖混结构，由墙承重。作为当时装配式技术发展先驱城市之一，北京在1959年开始第一处试点工作。装配式建筑工作一经开展，便通过了大量的建设实践和探索研究，不断优化更新，逐步形成了以墙板承重为主的一套装配式建筑主流结构体系。鉴于当时的社会原因，装配式建筑的建设更多地面向人们的居住需求，所以当时的装配式建筑体系便被命名为"大板住宅建筑体系"，即大板建筑体系，如北京的装配式大板居住建筑、广西混凝土空心大板建筑和陕西预应力钢筋振动砖墙板建筑等，皆属此类。大板建筑的应用象征着传统墙板的技术改革，在一段时间内得以广泛应用。20世纪70年代至20世纪90年代是装配式建筑高速发展的阶段，在此期间运用装配式技术建造了大量住宅，大板建筑占据其中主要地位。丰富的实践经验使大板建筑形成了较为成熟的技术体系，1991年10月，《装配式大板居住建筑设计和施工规程》（JGJ 1—91）正式颁布施行，成为我国建筑工业化水平进步和大板建筑体系乃至装配式技术发展可行性的重要佐证，也体现了我国推进建筑工业化的决心和装配式建筑的光明前景。但与此同时，由于技术限制、现浇建设方式的出现、大量劳动力的涌入等原因，致使装配式的发展一度走向了停滞，混凝土构件厂的发展进入低谷。

20 世纪 90 年代，由于社会因素、经济因素和技术因素等方面的多重影响，装配式建筑的发展水平每况愈下，许多预制构件厂停产或转产，当时全亚洲产量最高的北京市第三建筑构件厂停产，基本宣告了大板建筑时代终结。尽管其后装配式建筑的发展也曾有过数次波动，但总体态势在很长一段时间内是处于低迷状态的，装配式建筑进程一度搁浅，陷入停滞。

致使装配式建筑发展休止的原因比较复杂，除却技术方面的影响，可以概括为以下几个因素。

2.1.1 住房制度变更因素

我国在新中国成立初期走计划经济道路，在此期间住房制度主要解决人们的居住需求，采用福利分房的方式。1978 年，党的十一届三中全会召开并开始施行改革开放政策，次年计划经济与市场经济互不矛盾的概念被提出，为计划经济转向市场经济发展埋下了伏笔，带有浓重计划经济色彩的福利分房制度也开始有所动摇。1992 年，我国首次提出了建立市场经济体制的设想，并在次年党的十四届三中全会上得以确立，自此计划经济体制逐渐淡出历史舞台，福利分房制度受到大幅冲击并被逐步取缔。1994 年，《国务院关于深化城镇住房制度改革的决定》（国发〔1994〕43 号）正式发布，将实现住房商品化和加快住房建设确定为城镇住房制度改革的根本目的。1998 年，《国务院关于进一步深化城镇住房制度改革加快住房建设的通知》发布，确定自同年下半年开始停止住房实物分配，逐步实行住房分配货币化的住房制度。自此，住宅进入市场，正式商品化，装配式建筑由于外观重复性较高，因而在市场经济的商品竞争下生存空间被大幅压缩。

2.1.2 建筑标准化与多样化的矛盾

新中国成立后，北京市乃至全国人民的住房压力巨大，大板建筑作为能够缩短工期、节约能源、提高效率、降低成本的多优选择，成了快速进行住房建设的主要方式之一，并迅速推动了住宅产业化的发展。但是当时我国大板建筑发展的时间尚短，且主要应用于住宅、公寓和宿舍等空间单元重复的建筑类型。为尽可能保证结构稳固及建筑使用的安全性，在前期设计阶段，便主要采用对称式的平面布局，对墙体有严格的对位和贯通要求，对于内部空间的开间和进深也加以控制，加之装配式建筑对构件模数化和标准化的要求，致使当时的大板住宅建筑普遍具有外观简单、形式单一的特点。购房者对住宅建筑的多样化提出了较高需求，然而市场发展速度之快，并没有为平衡建筑多样化与建筑标准化矛盾提供足够的喘息机会，致使大板住宅建筑体系在时代的洪流中承受了巨大冲击。

2.1.3 企业产值与研究成本的矛盾

大板住宅建筑体系之所以能在短时间内快速发展并大量建设，其重要原因之一就是成本低、效率高，但在实际工作过程中，大板建筑反而出现了成本高于传统建筑做法和预制效率较低的问题。究其根源大致有以下两点原因：

其一，大板住宅建筑还很年轻，体系仍需优化改进，其标准化的水平也存在很大的发展空间，生产过程中很多产品难以实现定型化，期间还会产生返工情况，对生产效率造成影响，产量低致使成本高。生产方面的问题主要需要通过加强科研力度从根本上解决，然而企业内部科研经费有限，企业产值与研究成本难以形成健康平衡，致使其对于生产问题的解决受到很大制约。

其二，大板建筑作为建筑行业新的探索，收费方式并没有随之更新，而是仍然参照原有的砖砌工艺进行定额收费，未能将机械化生产的成本纳入考量因素，致使机械化生产水平为成本增高的症结所在。建筑工程费用的计算方式应根据现实情况逐步优化改善。

2.1.4 产业链尚未实现一体化

大板建筑体系（图 2.1-1）从设计至落成的过程中，先后需要建筑设计、建筑结构、建筑设备等多专业参与其中，但由于产业链内各个环节尚未建立统一的相关标准，因而各领域之间的分工关系高于协作关系，致使建筑产品在设计、施工及至投向市场的整个产业链条存在割裂问题，对于成本控制和生产效率都存在负面影响。

2.1.5 其他因素

除上述提及的几类问题外，还存在其他诸多社会因素。装配式建筑在北京发展的数十年间亦受到过"文化大革命"的影响，致使很长一段时间内预制构件厂商的产量、效率等遭受了严重打击；此外，关于住宅产业化的相关单位经营方式也经历了一系列的尝试与变革。

随着经济的发展及人们对建筑功能和舒适度需求的逐渐提升，建筑形式不再止步于规整和拘谨的小空间，转而开始探索大空间、灵活布局等更多可能。此外，混凝土在此时开始被广泛使用，现浇技术的优势使传统建造方式的主流结构体系从砖混结构转向了框架结构、框架-剪力墙结构等，

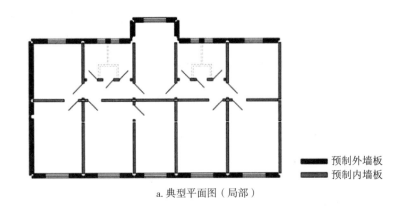

a. 典型平面图（局部）

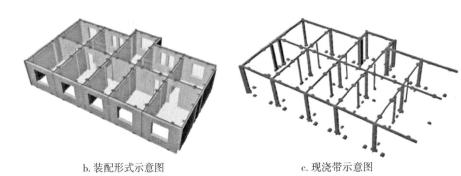

b. 装配形式示意图　　　　c. 现浇带示意图

图2.1-1 大板建筑体系示意图

（图片来源：贾文芳《预制装配式建筑发展历程与技术要点研究》）

为建筑形式和功能带来了更多变化。

与此同时，装配式建筑的结构也不再以昔日的大板建筑体系为重心，而是在原有大板建筑的研究基础上，结合现如今的现浇手段和传统建造方式中的多种结构形式，形成了今天装配式建筑领域内的装配式混凝土结构体系，其中主要包括装配整体式框架结构体系，装配整体式框架－现浇剪力墙结构体系和装配整体式剪力墙结构体系等。在国家相关政策的大力支持下，装配式建筑自步入21世纪以来便进入全面发展时期，并在此期间建设了大量建筑成品，2014年《装配式混凝土结构技术规程》正式发布实施，自此我国装配式建筑标准化跨出了一大步。《装配式大板居住建筑设计和施工规程》（JGJ 1—91）和《装配式混凝土结构技术规程》（JGJ 1—2014）明确了大板建筑体系与装配式混凝土结构体系的递进关系，后者是以前者技术成果为基础，结合当代技术逐步发展而形成的体系。因而将两者进行对比研究具有可行性和现实意义。

2.2 装配式混凝土结构体系

随着混凝土材料的广泛应用，传统建筑的主要结构形式不再是以无骨架墙板承重的砖混结构，"骨架式"承重开始参与其中，结构选型逐步过渡至以框架结构、框架-剪力墙结构为主。装配式混凝土结构建筑的结构选型依然与传统建造方式存在同步发展关系，装配式建筑摆脱了依靠墙体承重的局限，在很大程度上解放了建筑空间，预制梁柱列入承重构件中，可以与预制板材共同承担建筑荷载。

2.2.1 装配式混凝土结构分类

与传统建筑的结构分类相似，装配式混凝土结构建筑中最为常用的通用体系包括装配式混凝土框架结构、装配式混凝土框架-现浇剪力墙结构和装配式混凝土剪力墙结构，承重体系分别为"骨架式""骨架式+（现浇）板式"和"板式"承重。其中装配式混凝土剪力墙结构是目前在我国应用最为广泛的结构体系，其发展速度快，适用于低层、多层和高层住宅建筑。装配式混凝土结构建筑体系如今普遍采用装配与现浇技术相结合的施工手法。

另有装配整体式框支剪力墙结构，该结构底部布置框架结构，上部布置剪力墙结构，中间须设置转换层，因而在结构计算时更复杂，且抗震设计的难度更大，所以该体系应用不及前三者广泛。

除以上几种装配式混凝土通用结构体系外，各地区和企业还在此基础上发展出多种专用结构体系，本章主要对通用体系进行研究分析。

2.2.2 装配式混凝土结构预制部品构造

2.2.2.1 预制剪力墙板

在装配整体式剪力墙结构体系中，主要由预制剪力墙板承担自重和其他荷载，其构造原理和形式仍有20世纪大板建筑体系中的预制墙板的影子，并在原基础上有所优化，此处对内外墙板的构造分别进行研究。

目前常用的预制剪力墙外墙板主要为夹芯墙板（图2.2-1），自外向内包括外页板、保温板和内页板三层。构件的细部构造根据有无门窗洞口还存在一些细微差别。从整体上看，外墙板的上下口构造形式仍然保留20世纪预制大板建筑中预制墙板的"上高下平"形式，即外墙板下口的内页板和保温板与下层楼板的上表面平齐，外页板下缘略有降低，起滴水作用；将外墙板上口的外页板与保温板拉高至与楼板的构造上表面平齐，方便将预制楼板搭接在内页板上，外页板上端略有降低，便于与上层墙板咬合，可以从外立面上防止楼板外露，从而降低排水需要分层处理而带来的难度，并规避冷桥的产生。预制外墙板中的预埋件均设置于内页板上，墙板的上方和两侧伸出预埋吊件和钢筋。为了防止钢筋受力发生偏心问题，预制过程中的预埋吊筋呈错位分布。此外，内页板上预设有套筒灌浆口和

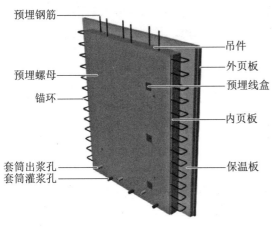

图2.2-1 预制剪力墙外墙板
（图片来源：贾文芳《预制装配式建筑发展历程与技术要点研究》）

预埋铁件等，便于现场施工时进行临时支撑，并进行预制构件间的灌浆连接。对于有窗洞的预制剪力墙外墙板构造，略有不同，洞口上方设拉筋，形成过梁钢筋骨架，下方配筋布置钢筋网片，两侧为加强板强度增设多道箍筋。而有门洞的预制剪力墙外墙板则是上下口外页板均与保温板平齐，洞口上部构造与有窗洞的预制墙板基本一致。

预制剪力墙内墙板的构造则较为简单，仅有单一结构层，预埋筋从墙体上部及两侧伸出，上下口与外墙板不同，不作细节处理，对于有门窗洞口的内墙板，配筋原理和方法与预制剪力墙外墙板基本一致。

综合看来，如今的预制剪力墙板保留了大板建筑时期复合墙板结构与保温一体的构造形式，但是精简了墙板的侧面构造，取消了排水槽和销键等较为复杂精细的构造样式，既能降低生产制模的难度，还可以减少运输过程中预制板材被破坏的风险。墙板连接取消销键作用后，两侧伸出的预埋钢筋密度有所增大，以此增强结构整体性和现浇带的强度。

2.2.2.2 预制楼板

目前，在我国装配式建筑市场上应用比较多的预制楼板类型为桁架钢筋混凝土叠合板，与大板建筑体系中的预制大楼板不同，叠合楼板属于半预制技术。该楼板的出现旨在结合预制手段和现浇技术的优点，扬长避短，在工厂预制阶段生产预埋有钢筋桁架的薄混凝土板，在现场吊装完成后，再在其上进行现浇工作，这样的楼板上下表面平整，既可以发挥预制技术高生产效率的优势，又可以提升建筑整体性。

2.2.3 预制部品连接技术与工法

我国现行的装配式混凝土结构体系中，对于预制构件的连接基本沿

第二章 装配式建筑的技术体系

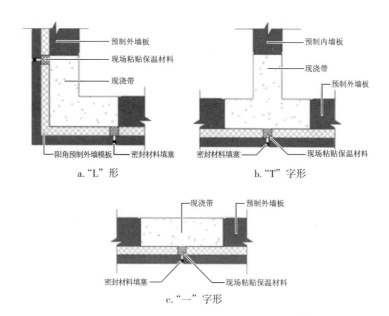

图2.2-2 预制剪力墙外墙板连接节点构造
（图片来源：贾文芳《预制装配式建筑发展历程与技术要点研究》）

用了20世纪大板建筑体系的原则，即在节点处现浇混凝土的湿式连接法。但是随着技术的更新发展，预制构件的配筋规格、后插筋的布置方法、钢筋连接方法和现浇作业手段有所变化。在该体系中，"骨架"的连接方式比较简单，因而此处主要对预制板材的连接进行分析研究。

预制剪力墙外墙板的连接节点根据墙体的平面定位可以分为"L"形、"一"字形和"T"形三种（图2.2-2），现场施工时各预制墙板就位后，再使用保温材料和油膏等粘贴填塞外墙板之间缝隙，以实现建筑外维护结构的保温整体性和防水性。节点处插入纵向钢筋，并利用箍筋将其与墙板预埋吊筋衔接起来，再进行现场浇筑。"L"形墙板连接节点较为特殊，需要预制外墙模板的辅助，以使连接节点形成利于现浇作业的封闭区间。

混凝土预制叠合楼板（图2.2-3）之间的连接原则与墙板间的连接原则保持一致。由于预制楼板属于半预制构件的性质，在现场施工过程中会有一道现浇程序，楼板的就位与现浇作业需要支撑设备和模板的配合，现浇带贯通叠合板和连接节点，现浇规模远大于大板体系中依靠楼板间销键发挥作用的现浇节点，可以大幅提升结构整体性。

外墙板与楼板之间的连接原理较大板体系则存在一定差异。大板体系中楼板的安装利用了外墙板"外高内低"的构造形式，将楼板搭设在墙板上，端部嵌入墙板上口的凹槽内，借助了搭接在内外墙板上时墙板提供的支持力；而现行的装配式混凝土结构体系中楼板就位是借助于搭设的支撑设备，楼板混凝土端部不搭设于墙板上方，节点处加设纵筋后再进行现浇工作。

图2.2-3 预制叠合楼板现场施工
（图片来源：贾文芳《预制装配式建筑发展历程与技术要点研究》）

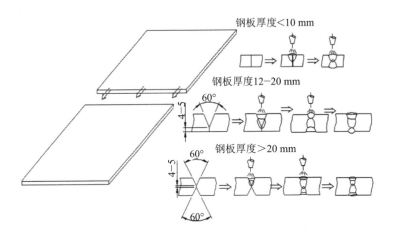

图2.3-1 钢材拼接
（图片来源：祝振宇《装配式钢结构建筑施工关键技术与工艺研究》）

2.3 装配式钢结构体系

2.3.1 构件制作流程与重难点分析

2.3.1.1 箱型柱制作

1.翼缘、腹板、隔板等板材的下料

箱型柱的翼缘、腹板一般采用定长进料的方式，一般情况下翼缘、腹板均不进行拼接，以构件制作所需的长宽尺寸为基础订货。预订板材时，宽度方向尺寸以满足 3~4 块料为宜。如不得已而要进行拼接时，需采用埋弧焊进行焊接，经无损探伤、检验合格后，才可进行下一步的下料。钢板拼接加工坡口形式示意见图 2.3-1。

考虑到钢板在焊接后，焊缝处易出现收缩现象，腹板、翼板的下料宽度宜取正公差 0~2 mm，不得按照负公差下料。箱型柱内隔板、衬板、垫板等数量多，如箱型柱内的板材焊接质量不好则直接影响到箱型柱整体的质量，因此在下料时必须保证每块隔板、垫板的尺寸、形状、质量满足焊接要求。

2.U 型柱的组装和焊接

U 型柱组立时，首先将下翼缘板（图 2.3-2①部分）运送至组立机上面，然后以下翼缘板的两端为基准，预留出大约 3 mm 的空间，按照要求定位出内隔板的基准线，最后将内隔板（图 2.3-2②部分）置于下翼缘板上进行焊接。U 型柱的组装及焊接见图 2.3-2。

按照顺序将隔板、柱封板等部件焊接起来，之后将两边的腹板吊装至下翼缘板两侧，注意腹板的坡口一侧需朝外侧放置。采用手工焊接的方式将腹板与内隔板的垫板、衬板点焊起来，完成 U 型柱的组装和焊接。

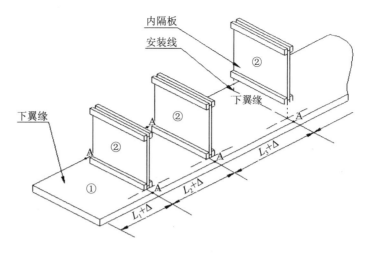

图2.3-2 组装下翼缘和内隔板
(图片来源:祝振宇《装配式钢结构建筑施工关键技术与工艺研究》)

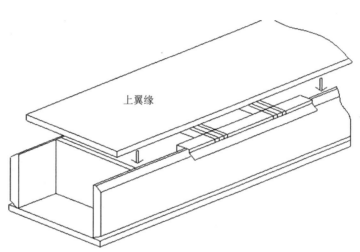

图2.3-3 安装上翼缘
(图片来源:祝振宇《装配式钢结构建筑施工关键技术与工艺研究》)

3. 箱型柱的装配及电渣焊的焊接

待下翼缘板、内隔板、垫板、衬板以及两侧的腹板组装完成后,将上翼缘板吊送到组立机上,就位后,从一侧向另一侧依次焊接上翼缘板与腹板的对接缝。上翼缘的安装示意如图2.3-3所示。

焊接后,将箱型柱吊送至翻转机上,用手工气割电渣焊两端的引弧、熄弧帽口,然后割平、磨好,并检查箱型柱的弯曲变形程度。焊缝内如果有超标缺陷,则返修至合格为止。

4. 矫正

虽然箱型柱采用了对称法进行同步焊接,但有时不免会出现小位移的变形,当变形超过允许的限值时,必须进行矫正处理。一般采取冷矫正法(即机械矫正)对变形部位进行矫正,如果有大量部位需要矫正,则采用热矫正法(即火焰加热法)。

机械矫正法是在油压机上对柱弯曲变形的部分进行下压,使变形少的

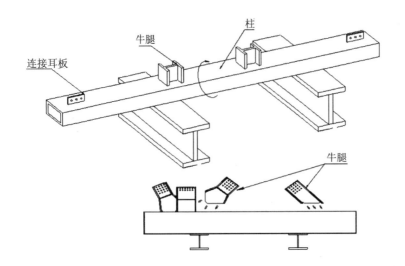

图2.3-4 装配、焊接连接耳板、牛腿等

(图片来源：祝振宇《装配式钢结构建筑施工关键技术与工艺研究》)

部分伸长，从而得到矫正。

火焰加热法是利用火焰对钢板的凸起处进行加热，待其冷却后使变形大的地方产生收缩，以此来达到矫正的目的。

5. 焊接牛腿、连接耳板等

箱型柱矫正完成后，将其放置于回转台架上面，在柱的四面画出中心线，以此为基础，根据深化图纸确定牛腿、连接耳板等部件的位置，然后焊接这些部件。焊接牛腿、连接耳板等部件示意见图2.3-4。

6. 栓钉焊接

7. 构件抛丸

在涂装前进行抛丸处理。根据除锈等级来确定抛丸机的输送速度。根据箱型柱的高度和结构，调整抛丸机的抛射角度。抛丸存量不应少于2000 kg。在抛丸后及时观察除锈程度，若抛丸后的质量达不到规定的要求，则需进行二次抛射，二次抛射后仍然达不到规定要求，选择用新钢丸进行除锈。抛丸结束后 3 h 内应转入下道工序。

8. 防腐涂装

油漆涂刷前，应及时将箱型柱身上的杂物清理干净。基面清理除锈质量的好坏，直接关系到涂层质量的好坏。涂装作业如图 2.3-5 所示。

图2.3-5 构件喷涂

(图片来源：祝振宇《装配式钢结构建筑施工关键技术与工艺研究》)

2.3.1.2 H 型钢梁制作

1. 放样、号料

H 型钢梁在号料前，首先要检查的

图2.3-6 数控切割机下料

（图片来源：祝振宇《装配式钢结构建筑施工关键技术与工艺研究》）

图2.3-7 剪板机下料切割

（图片来源：祝振宇《装配式钢结构建筑施工关键技术与工艺研究》）

图 2.3-6

图 2.3-7

图2.3-8 钢梁组立

（图片来源：祝振宇《装配式钢结构建筑施工关键技术与工艺研究》）

图2.3-9 门型埋弧焊机焊接

（图片来源：祝振宇《装配式钢结构建筑施工关键技术与工艺研究》）

图 2.3-8

图 2.3-9

是原钢板材料的材质、规格、质量是否满足要求，不同规格、材质的钢板应分别号料。号料按照先大后小的顺序进行。

2. 下料切割

下料前应检查原材料的品种、规格、牌号是否保持一致，检查完成后依据图纸加工要求进行下料切割。

翼缘板、腹板等板件的钢板采用数控切割机下料，用于制作连接板、加劲板的板件采用剪板机进行下料切割，下料切割示意如图2.3-6、图2.3-7所示

3. H型钢的组立

H型钢的组立可在H型钢流水线组立机进行组立，如图2.3-8所示。

4. 焊接

采用门型埋弧焊机来进行直线段主焊缝的焊接，如图2.3-9所示。

5. 矫正

用H型钢矫正机对H型钢进行矫正，如图2.3-10所示。H型钢梁局部的焊接变形则利用火焰矫正进行。

6. 钻孔

高强螺栓采用数控钻床定位钻孔，以保证螺栓孔位置、尺寸的准确。如图2.3-11所示。

图 2.3-10

图 2.3-11

图2.3-10 矫正
（图片来源：祝振宇《装配式钢结构建筑施工关键技术与工艺研究》）

图2.3-11 定位钻孔
（图片来源：祝振宇《装配式钢结构建筑施工关键技术与工艺研究》）

7. H 型钢的装配

在 H 型钢装配之前，需首先确认钢梁主体检测是否已经满足要求。不合格的 H 型钢不可用于组装。将 H 型钢吊送至组装平台上，用石笔在钢板上画出图纸上标注的基准线，根据连接板等在结构中的位置将其焊接在柱身上。

2.3.1.3 重难点分析及处理方法

钢构件的制作重难点主要是钢板之间的焊接质量不易得到保证。焊接是钢结构的主要连接形式之一，有着构造简单、不削弱构件截面、加工方便等优点，但是焊接结构对裂纹敏感，一旦发生裂纹极容易扩展开来，低温冷脆突出，因此对焊接质量的把控尤为重要。在钢结构构件的焊接过程中主要存在的焊缝缺陷可以分为六类：裂纹、孔穴、固体夹杂、未熔合、未焊透、形状缺陷，以及其他缺陷。通常采用在两端对开孔或者在产生裂纹后对其进行补焊的方式来处理裂纹。裂纹示意如图 2.3-12 所示。

孔穴的处理方法是在弧坑处补焊。气孔类型如图 2.3-13 所示。

固体夹杂的处理方法是挖去夹钨处缺陷金属，重新焊补。固体夹杂如图 2.3-14 所示。

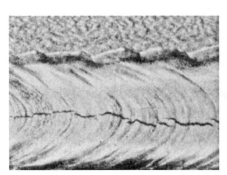
a. 热裂纹

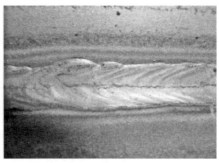
b. 冷裂纹

图2.3-12 裂纹
（图片来源：祝振宇《装配式钢结构建筑施工关键技术与工艺研究》）

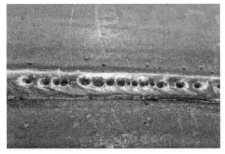

图2.3-13 孔穴
（图片来源：祝振宇《装配式钢结构建筑施工关键技术与工艺研究》）

a. 气孔　　　　　　　　　　　b. 弧坑缩孔

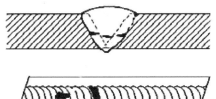
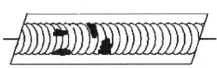

图2.3-14 固体夹杂
（图片来源：祝振宇《装配式钢结构建筑施工关键技术与工艺研究》）

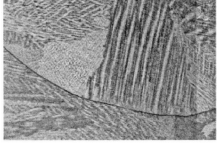
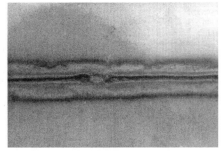

图2.3-15 未熔合与未焊透
（图片来源：祝振宇《装配式钢结构建筑施工关键技术与工艺研究》）

a. 未熔合　　　　　　　　　　b. 未焊透

对于未焊透的处理方法是对开敞性好的结构的单面未焊透，可在焊缝背面直接补焊。对于不能直接补焊的重要焊件，应铲去未焊透的焊缝金属，重新焊接。未熔合与未焊透示意如图2.3-15所示。

除此之外，还包括咬边、焊瘤、错边、角度偏差、根部收缩、表面不规则等形状缺陷。

2.3.2 主体结构施工

2.3.2.1 钢柱安装

结合吊装需求及现场的实际条件选用合理、合适的吊装设备。钢柱吊装至指定的位置后，用临时螺栓连接临时连接板及钢柱的耳板，通过倒链、千斤顶等调节措施，使用全站仪辅助完成钢柱的初步校正。

钢柱吊点的设置需要考虑吊装方便、稳定可靠的要求，还要避免钢柱的变形。通常利用钢柱柱身上焊接的连接耳板来完成吊装工作。耳板采用Q355B钢板制作，板厚20 mm，如钢柱重量过大，则耳板板厚需经计算后确定。钢柱的吊装如图2.3-16所示。

为保证柱身在吊装过程中不易变形及吊装的简易性，钢柱柱身上焊接临时耳板，以方便钢柱的吊装工作。

钢柱的校正主要包括垂直度和扭度的调整。目前常采用无缆风绳法，在钢柱柱身上安装千斤顶，利用千斤顶配合两台经纬仪进行钢柱垂直度的调整。在保证柱顶轴线偏移达到控制要求后，拧紧柱身耳板上的螺栓，利用撬棒、钢楔等工具进行扭转的调整，待调整完毕后，割除临时耳板，完成钢柱的焊接。

2.3.2.2 钢梁安装

在相邻的钢柱安装完成后，要及时安装钢柱之间的钢梁，使钢梁与钢柱连接形成稳定的几何不变体系。若有不能及时安装的钢梁，则用缆风绳将钢柱固定，以避免钢柱产生变形。按照先主梁后次梁的顺序安装钢梁，当一节钢柱有两层时，先安装下一层的钢梁，再安装上一层的钢梁。钢梁在工厂加工时预留吊装孔或设置吊耳作为吊点。每完成一个区域，楼层梁紧随其后完成安装，方进入下一个区域安装。

利用塔吊将钢梁送到图纸中标注的位置，就位后及时将连接板夹好，然后拧紧安装螺栓。规范规定钢梁与钢柱的安装螺栓数量不得少于螺栓总数的30%且大于2个以上。钢梁螺栓的安装如图2.3-17所示。

对于一般重量的钢梁利用螺孔进行吊装，如果钢梁过重，则需要在钢梁制作时焊接吊耳用以辅助钢梁的吊装。对于轻型钢梁（重量小于4 t的

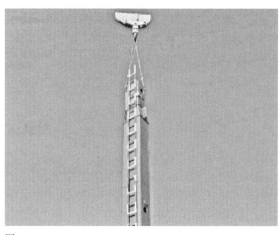

图2.3-16

图2.3-17

图2.3-16 钢柱吊装
（图片来源：祝振宇《装配式钢结构建筑施工关键技术与工艺研究》）

图2.3-17 钢梁螺栓安装
（图片来源：祝振宇《装配式钢结构建筑施工关键技术与工艺研究》）

钢梁)则可采用"串吊"方式进行吊装以节省吊装运次。选择何种吊装方式见表 2.3-1。

表 2.3-1 吊装方式选择

翼缘板厚	吊装方式
翼缘板厚 ≤ 16 mm	开吊装孔
翼缘板厚 >16 mm	焊接吊耳

表格来源：祝振宇《装配式钢结构建筑施工关键技术与工艺研究》

2.3.2.3 楼板体系与施工工艺

1. 楼板体系介绍

随着装配式钢结构建筑的发展，传统的现浇楼板已经满足不了装配式建筑施工速度、绿色环保，以及现场装配速度的需求。近年来适用于装配式钢结构建筑的楼板体系主要有钢筋桁架楼承板、压型钢板楼板、混凝土叠合楼板三种形式。三种形式的楼板体系对比见表 2.3-2。

表 2.3-2 楼板形式

楼承板类型	支模	装配化程度	施工便捷性	施工速度	成本
 钢筋桁架楼承板	分为支模、不支模两种	一般	方便	快	易采购，造价低
 压型钢板楼板	不需支模	一般	方便	快	一般
 混凝土叠合楼板	不需支模	高	自重大，施工麻烦	慢	成本高

表格来源：祝振宇《装配式钢结构建筑施工关键技术与工艺研究》

2.钢筋桁架楼承板施工工艺

（1）钢筋桁架楼承板装配及吊装

钢筋桁架楼承板在工厂内装配完成，一般情况下一块楼承板为三榀桁架。根据施工现场的具体条件及方便吊装的要求，在桁架楼承板运输至施工现场后进行检验，检验合格后堆放在合理的位置，并做标记。

在吊装时，楼承板底部和上部均设置U型卡口木制托板条，用两个吊装带进行楼承板的吊装以保持平衡。楼承板吊装就位后应及时铺设。

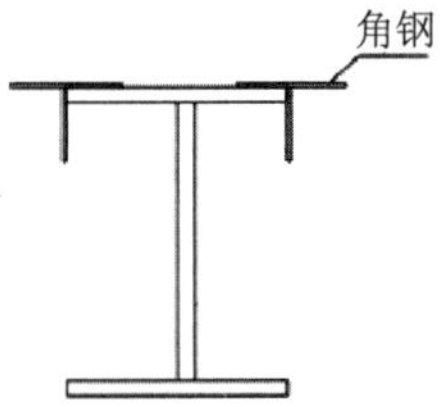

图2.3-18 堵缝角钢示意图
（图片来源：祝振宇《装配式钢结构建筑施工关键技术与工艺研究》）

（2）焊接堵缝角钢

铺设楼承板之前，在钢梁两侧焊接堵缝角钢，用来防止楼承板在钢梁两侧漏浆。示意图见图2.3-18。

（3）铺设楼承板

根据排版图，按照排版方向，在钢梁边的堵缝角钢上画出第一条位置基准线，在钢梁翼缘上画出钢筋桁架的起始基准线。依据基准线安装第一块楼承板，按照图纸要求依次安装其余楼承板。若最后一块楼承板非标准宽度，则应该按照设计要求在工厂切割，严禁在现场进行切割。楼承板安装过程中，应同步焊接钢梁上的栓钉。

（4）安装边模板

安装边模板是保证混凝土不渗漏的关键步骤。安装时，将边模板水平面贴紧钢梁的上翼缘，通过点焊将其固定。垂直方向用钢筋与栓钉焊接固定。

（5）管线及附加钢筋铺设

按照设计图纸放置所需的水平及垂直附加钢筋。管线在绑扎附加钢筋之前铺设。

（6）浇筑混凝土

正对钢梁部位进行混凝土的倾倒，倾倒范围控制在钢梁左右1/6板跨范围。在倾倒后及时将混凝土向四周摊开，混凝土堆高不得高于0.3 m，其余要求应符合国家规范要求。

（7）拆除底模板

待混凝土的强度符合设计要求后，及时拆除模板，方便重复使用。

3.钢筋桁架楼承板施工工艺

（1）支撑体系安装

在安装支撑体系前，应专门做相应的施工方案，并对支撑体系的强度以及刚度进行计算校核。水平方向上需达到一定的标准，以满足楼板浇筑后的平整度要求。常见的支撑体系有木模板支撑体系和铝模板支撑体系。在设计支撑时应考虑到方便周转、性能优越的要求。

(2)叠合板吊装

混凝土叠合板为水平构件,在吊装时宜选用平吊的方式。必要时可通过计算来确定吊装的位置、吊点数量和方式选择。一般情况下,在四角设置吊点以保证吊装时叠合板能均匀受力。吊装就位前,待距离就位位置 300 mm 左右时停顿片刻,并根据图纸对叠合板进行定位。定位后,缓缓将叠合板落下,注意板面不被损坏。

(3)管线敷设及钢筋绑扎

根据设计图纸的要求,进行机电管线的敷设。为了方便施工,在工厂生产阶段就已经预埋所需的线盒及洞口。管线敷设后,即可进行楼板上钢筋的安装。

(4)浇筑混凝土

浇筑前,对表面进行打扫,清除叠合面上的杂物及灰尘,用水湿润。待叠合面清理干净后,方可浇筑叠合板混凝土。浇筑混凝土时从中间向两边浇筑,连续作业,不间断完成。采用平板振捣器进行振捣。混凝土浇筑结束后,用塑料薄膜进行养护处理,养护时长不得低于 7 天。

4. 维护体系与施工工艺

(1)墙板材料介绍

装配式钢结构建筑符合工业化生产和标准化生产的要求,所以其维护结构不仅应满足强度、稳定性的要求,还应满足隔声、轻质、防火、绿色环保、密封性等要求。目前,装配式钢结构适用的墙体材料可分为砌块和板材两类。砌体主要有蒸压加气混凝土砌块、石膏砌块等。建筑板材主要有蒸压轻质加气混凝土板(Autoclaved Lightweight Aerated Concrete Panel, ALC 板)、纤维增强水泥平板、钢丝网水泥类夹芯复合板等。

(2)ALC 墙板安装

ALC 墙板安装的主要步骤如下:

① 表面清理及放线

在安装 ALC 墙板前,清理墙板和连接部位表面的杂物、砂浆、混凝土等物,以确保后续施工作业面的清洁。清理干净后,在楼层面四周放出墙板的控制线。

② 固定角钢

根据已经放出的控制线,按照节点的构造要求安装所需的角钢。

③ 吊装、校正及固定

用吊带绑住 ALC 墙板中部并将其运送至安装位置的附近,缓慢将板顶上下移动至墙板与角钢部位贴近,微调至正确位置。用靠尺测量墙面的平整度,用托线板检查墙板的垂直度。检查墙板与定位线的对应情况并调整,调整后用木楔将顶部、底部顶实,将钩头螺栓焊接在角钢上。

④ 密封处理

用专用勾缝剂对墙板缝进行堵实处理。洒水湿润墙面，抹底层砂浆，底层砂浆干后抹面层砂浆。嵌缝如图2.3-19所示。

5. 防腐防火技术

（1）墙板材料介绍

钢材在与空气接触时极易发生腐蚀，这种现象在潮湿的环境中尤为明显。防腐方法很多，主要可分为改善钢材性质的防腐法、电化学防腐法和在构件表面涂刷漆料法。目前，钢结构主要的防腐技术是在构件表面涂刷防腐漆料，来达到防腐的目的。涂刷防腐涂料也是最经济和最简便的防腐方法。

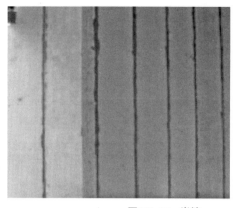

图2.3-19 嵌缝

（图片来源：祝振宇《装配式钢结构建筑施工关键技术与工艺研究》）

防腐涂料结构主要分为三层：底漆、中漆、面漆。底漆主要起附着作用，中漆的作用主要是提高耐久性和使用年限，面漆起防腐蚀、保护底漆及装饰作用。

（2）防火

在遇热后，钢材的强度会明显下降，且温度越高强度下降的速率越快。温度大于500℃，整体性能严重下降，稳定性大幅降低。钢构件的防火对于结构整体的安全性起着关键的作用，一旦某个构件在火灾后失效，整体结构就有可能发生连续性倒塌。因此，钢结构的防火问题不容小觑。

2.4 其他结构体系

2.4.1 竹木结构体系

木材是一种天然材料，且设计灵活，适用于各种建筑风格，是公认的可持续、可再生、可回用和可降解的建筑材料。木结构一直是全球范围内住宅建筑的主流形式，尤其在北美和欧洲发达地区。以榫卯连接为显著特征的梁柱式木结构体系是中国古代主要的建筑类型，且一直保持领先地位。然而，在中国大规模的工业化、城市化进程中，更适合高密度、快速城市化的钢筋混凝土技术成为我国现代城市的主流建筑模式。1998年，为了应对长期过度开采天然林资源导致的生态退化问题，保护森林资源成为要务，而资源短缺限制了我国传统木结构技术的发展。进入21世纪后，我国开始引进国外低层的轻型木结构住宅建筑技术。随着木结构设计和加工技术不断发展，《木结构设计标准》《装配式木结构建筑技术标准》《多高层木结构建筑技术标准》《正交胶合木》等国家标准和行业标准相继发布，这些标准为木结构的设计、质量验收与检验提供了统一标准。国家工业和信息化部、住房和城乡建设部于2015年发布的《促进绿色建材生产和应用行动方案》中指出，要加快多层复合木结构建筑的发展。2016年，国务院办公厅发布的《关于大力发展装配式建筑的指导意见》，以及2021年《中共中央 国务院关于完整准确全面贯彻新发展理念做好碳达峰碳中和工作的意见》等文件也在很大程度上推动了木结构建筑的发展。国家林业和草原局在《林草产业发展规划（2021—2025年）》中，同样明确了要大力发展木结构建筑、木材建筑材料等新型工业。《"十四五"建筑节能与绿色建筑发展规划》于2022年发布，其中就提出因地制宜发展木结构建筑。因此，木结构建筑的回归已经成为必然。最近十几年，以新型工程木——胶合木（Glued Laminated Timber, GLT）和正交胶合木（Cross Laminated Timber, CLT）为代表的重型木结构建筑在欧美发展迅速，在多层建筑和高层建筑中替代钢筋混凝土，得到了较广泛的应用。采用新型工程木的现代木结构建筑产业在满足抗震、防火和超低能耗建筑要求的同时，同样可以适应丰富多变的建筑形式以及多元化市场需求。

目前，使用低碳和可持续的建筑材料已经成为时代主题。"双碳"目标已经成为今后数十年影响社会发展的主要因素，对我国经济结构、能源结构和交通结构，以及生产生活方式等方面都产生了深远的影响。低碳技术创新正成为新时代我国发展战略的重要着力点，而木结构建筑的发展正顺应了这一趋势，在推进碳达峰和促进碳中和的过程中具有巨大潜力。

与其他建材（如塑料、混凝土、钢材）相比，木材强重比高、易加工，可节省人力及时间成本。将木质框架作为内衬墙体，也减轻了房屋的重量，并降低了基础建造成本。另外，相比混凝土，木材可再生利用，即房屋拆除后可将大部分木材回收再用。此外，与钢筋混凝土结构相比，木结构建筑拆装容易、施工安全、噪声低，基本上不产生建筑垃圾。木结构适合装配式建造，其构件可实现工厂预制及标准化和模块化生产。同时，可实现现场组装，省工省料、快捷高效，一栋普通木结构住房30天左右即可组装完成。

木结构建筑的减碳效果也非常明显，当满足或超过超低能耗建筑标准时，减碳效果将更明显。因此，木结构建筑突出的节能效应有助于显著减少房屋建筑运营阶段的碳排放，发展装配式超低能耗木结构建筑可有效助力中国建筑业的节能降碳。

木结构建筑在综合造价和节约成本方面也颇具优势。首先，木结构建筑施工时间短，施工工艺简单，可以节省大量的人力和物力。其次，所有的隐蔽工程，如管道、布线，以及室内装饰，如门、窗、地板和橱柜，可在木结构房屋施工过程中予以解决，大大降低了相关的室内设计和装修成本。再次，木结构建筑的能源效率及其内部保温性能意味着与其他建筑相比，用于供暖和空调的电力消耗要少得多。最后，所有管道都位于木屋的墙体或楼板中，这增加了有效使用面积，房屋的使用率通常高达85%~90%。

2.4.2 轻型铝合金结构体系

铝合金作为成熟的建筑产品，在 20 世纪中后期开始被广泛地应用于建筑。根据生命周期评估（Life Cycle Assessment，LCA），铝材符合环境保护的"4R"原则。一方面，铝材的密度仅为铁的 1/3，具有轻质高强的优点，在大气中能够形成稳定的氧化膜，耐候性良好。另一方面，铝材易于塑性加工，经过挤压成型可加工成自由度较高的截面形状，并且具有极高的加工精度。

日本是最早将铝合金作为建筑结构材料使用的国家之一，2002 年 5 月，日本发表的《建筑基本法》认定了铝合金作为建筑结构材料的合法性。之后，铝制建筑在日本如雨后春笋般出现，著名的例如伊东丰雄的铝制村舍、格罗宁根住宅和福岛公司员工宿舍等。

2008 年 7 月，在纽约举办的"装配住宅展示"中展示的"玻璃房"，采用了工业铝型材快速搭建的框架结构，配合不同的面材产品，如玻璃、树脂（Polyethylene Terephthalate, PET）等，展现了铝合金单元结构的高度预制化和非比寻常的装配效率。

在中国，工业铝型材已被广泛应用于机械制造，如汽车、造船、航空等生产部门，同时也是建筑产品构件，如门窗、幕墙常用的材料，但直接作为建筑结构的案例仍较少，同时也并无相关法规支持。但成熟的工业铝型材、板材以及各种配件的多样化产品已使铝材具备了成为轻型建筑的潜力。工业铝型材种类丰富，从 15 系列到 100 系列，有着十几种不同尺寸组合的标准型材可用于不同空间跨度的承重结构构件。配置齐全的螺栓、螺母、角件、封条和异型材等配件为型材的快速组合连接提供了多样的选择。

与目前流行的临时建筑类型（如集装箱单元房、板房）相比较，轻型铝合金建筑构造设计有如下特点。

（1）较好的物理性能：铝板可复合聚氨酯、泡沫混凝土等不同的有机或无机保温材料，可有效提高建筑的热工性能、隔声性能。

（2）出色的绿色性能：铝合金具有较长的生命周期，可循环使用；同时构件的生产加工、建筑模块建造基本在工厂完成，装配效率高，低碳环保。

（3）高度的灵活性：铝合金型材可结合不同类型的维护构件，如玻璃、塑料、金属等不同材料，既保证一定的物理性能，也能体现工业化产品的工艺美；根据不同功能需求，可设计成不同模数的单元组合（3 m×3 m，3 m×6 m 等），成为与集装箱房相类似的单元应急建筑产品；也可实现多样的空间组合，在水平和垂直维度上进行拼装，形成灵活的、适应不同功能需求的大空间。

（4）基于BIM的设计：该体系的设计从绘图、材料构件加工、工厂装配到现场吊装，都采用了基于BIM的全过程控制，建筑结构、维护、装修构造实现了虚拟建造模拟，大大提高了设计与建造效率。基于以上优势，轻型铝合金建筑产品可被广泛应用，如灾后援建临时建筑，建筑工地的办公、临时居住建筑，特殊用地的临时建筑，科学考察营地等不同需求建筑类型。尤其在我国大力推行绿色建筑发展的当下，轻型建筑体系将会有着很大的应用前景。

2.5 本章小结

本章全面阐述了装配式建筑的技术体系，特别是从20世纪50年代开始至今，中国在该领域的技术演进和应用实践。最初，装配式建筑技术是为了应对工业化推进和基础设施建设的需求而生，其中大板建筑体系在北京等城市开始试点并迅速推广。随着时间的推移，这种建筑方式逐渐发展出多样的结构形式，如装配式混凝土结构体系和装配式钢结构体系，这些体系在技术和应用上都有了长足的发展。尽管面临如市场经济转型和建筑标准化与多样化需求之间的矛盾等挑战，装配式建筑技术仍展现出强大的生命力和广泛的应用前景，特别是在提高建筑效率和降低成本方面显示出其独特优势。在21世纪，随着技术的不断进步和国家政策的支持，装配式建筑已经成为推动建筑行业现代化的重要力量。

参考文献

[1] 邓朗妮，戴薇，罗日生，等.基于BIM的装配式钢结构构件复核及信息管理［J/OL］.铁道标准设计，2024：1-10［2024-04-29］.https://doi.org/10.13238/j.issn.1004-2954.202311200010.

[2] 白利剑.装配式混凝土建筑智能化结构应用研究［J］.智能建筑与智慧城市，2024(4):128-130.

[3] 杨峰斌.装配式混凝土建筑结构施工技术的关键点分析［J］.广东建材，2024,40(4):111-114.

[4] 李淳.预制装配式建筑施工技术研究［J］.城市建设理论研究，2024(11):103-105.

[5] 赖华山.浅析装配式住宅建筑预制构件施工技术［J］.四川水泥，2024(4):109-111.

[6] 韦双臣.装配式建筑工程中钢结构技术的应用与实施［J］.石材，2024(4):141-143.

[7] 王晓艳.装配式建筑主体轻钢结构建筑绿色施工技术［J］.中国建筑金属

结构,2024,23(3):65-67

[8] 李伯顺.装配式建筑的设计要点探讨[J].中国建筑装饰装修,2024(6):113-115.

[9] 胡安峰,魏严磊.混凝土材料在装配式建筑中的应用[J].佛山陶瓷,2024,34(3):142-144.

[10] 武均艳.装配式建筑剪力墙结构抗震性能分析[J].北方建筑,2024,9(1):19-22.

第三章 装配式建筑的设计方法

3.1 "构件法"设计方法简介

3.1.1 构件法定义的概念

构件是建筑的最基本构成,"构件法"是"构件设计法"的简称,其主要内容就是将建筑分解成各个构件,并按照一定的逻辑进行组织,形成构件组,再以构件组为单位进行设计,目的是让设计过程中的目标、顺序和逻辑更加清晰。用构件法进行设计,是一种新型建筑设计方法。

东南大学建筑学院建筑工业化装配式建筑设计团队提出了基于构件法的装配式建筑优化设计方法,将建筑设计的起始点放在建筑物质构成部分——建筑构件及其系统,通过对构件的生产、运送、定位、连接、成型、使用和再利用等状态的研究,从底层着手,以微观到宏观的构件控制方式构建起建筑设计与精益建造的关联性,开展了绿色技术和产品设计协同应用模式的新型装配式建筑实践研究。

建筑的构件可以分为功能构件组、性能构件组和文化构件组三大类。按照这样的逻辑将构件进行重组分类,利于从方案设计阶段开始整合各协同单位的构件产品,规避不利因素。可以清楚地划分协同设计的工作界面,避免后期构件与构件的关系和衔接产生问题。另外对同一组中的建筑构件进行统筹设计与研发,互相协调,可以达到事半功倍的效果。即在大型建筑设计中,可以每组负责一个构建组的设计与协同,进而整合成一个完整的建筑设计,做到多组同时推进,高效率完成协同设计,进而为协同建造奠定良好的技术和产品基础。

功能构件组:建筑最基础的部分是钢筋混凝土结构部分,即把钢筋混凝土结构体构件组部分规整地组织起来,形成最基本的使用部分。

性能构件组:与性能相关的部分构件组的组合,例如天井、阳光房、节能缓冲空间等。

文化构件组:把独立附加的钢结构构件组部分组合起来,在此基础上做建筑外形的变化,钢结构部分与文化寓意息息相关,表达了建筑文化寓意形象等，这些即是文化构件组。

将建筑拆分成构件，再进行构件法设计，不仅便于达到设计、建造、维护的一体化，同时，利于实现新型建筑工业化构件产业现代化的目标。构件法建筑设计是协同设计的基础，亦是建筑工程管理的开端和基础。

3.1.2 构件的交织关系与独立关系

功能构件组、性能构建组与文化构件组三者共同组成一个完整的建筑。三者是彼此交织的，例如外围护部分，既是性能构件组的部分，也是文化构件组的基础。钢结构可同时归为性能构件组和文化构件组。当然，它们也可以是另外的关系组合（图3.1-1），这四种关系构成了构件，组合成建筑的四种基本的设计方法。

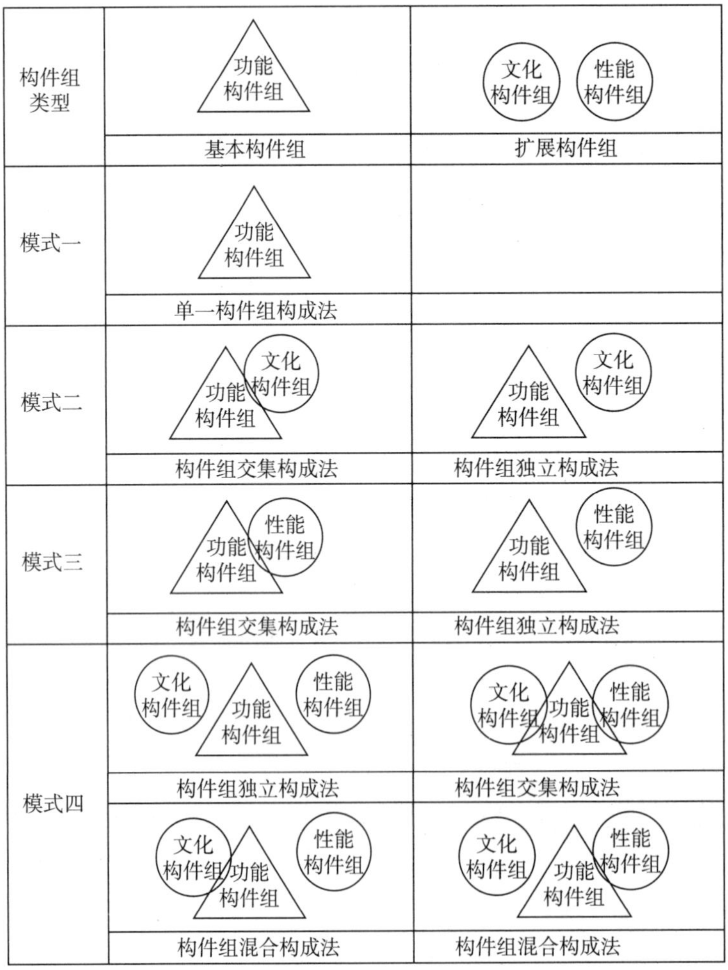

构件组类型	功能构件组	文化构件组　性能构件组
	基本构件组	扩展构件组
模式一	功能构件组	
	单一构件组构成法	
模式二	功能构件组＋文化构件组	功能构件组　文化构件组
	构件组交集构成法	构件组独立构成法
模式三	功能构件组＋性能构件组	功能构件组　性能构件组
	构件组交集构成法	构件组独立构成法
模式四	文化构件组　功能构件组　性能构件组	文化构件组＋功能构件组＋性能构件组
	构件组独立构成法	构件组交集构成法
	文化构件组＋功能构件组　性能构件组	文化构件组＋功能构件组　性能构件组
	构件组混合构成法	构件组混合构成法

图3.1-1 建筑构件组分类及其相互关系图
（图片来源：张宏，等《构件成型·定位·连接与空间和形式生成》）

3.1.3 功能构件组

功能构件组主要为主体钢筋混凝土结构体构件组部分（图3.1-2）。适合工业化建造最重要的就是结构、模数化两个方面。功能构件组限定的空间满足基本空间功能使用，形成通用空间，示例建筑在一层设计了两个大空间（图3.1-3主使用空间），利用节能缓冲的E形空间将其包裹住（图3.1-3左图灰色部分）。二层一个大空间（图3.1-3右图节能缓冲空间和主使用空间），被一个C形空间包裹住（图3.1-3右图灰色部分）。

图3.1-2 功能构件组示意图

（图片来源：张宏，等《构件成型·定位·连接与空间和形式生成》）

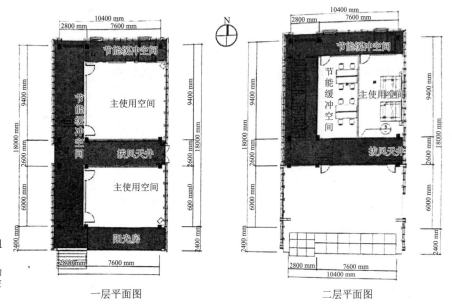

图3.1-3 功能构件组平面图

（图片来源：张宏，等《构件成型·定位·连接与空间和形式生成》）

一层平面图　　二层平面图

柱网从左到右面宽方向依次是 2.8 m、7.6 m，进深方向从下到上依次是 6 m、2.6 m、9.4 m。空间大而规整，一层两个大空间分别为会客室与餐厅，二楼分别为一个办公空间与住宿空间。大而规整的主使用空间提供主要使用功能，并适合未来因功能改变而进行的空间改造，进而延长建筑的可用时间，即使用寿命。

3.1.4 性能构建组

主使用空间与节能缓冲空间相辅相成，节能缓冲空间围合着主使用空间，提供功能辅助，例如走道、楼梯天井等。同时，节能缓冲空间与被动式节能相结合，稳定主使用空间的热工性能，保障主使用空间的舒适度。在一层两个主使用空间西侧、北侧各扩展一个 2.8 m、2.6 m 的走廊，中间加了一个拔风天井节能缓冲空间，南侧为阳光房节能缓冲空间，共同围合成一个 E 形空间，作为功能划分。一层西侧是长长的走廊，隔绝主使用空间的西晒问题，同时也是主使用空间热稳定的保护屏障。中间 2.6 m 的拔风天井，不仅视觉上使得示例建筑空间有趣活泼，更重要的是其可作为被动式节能中拔风的空间载体（图 3.1–4）。

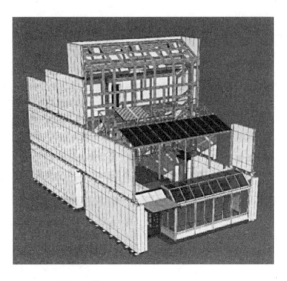

图3.1-4 性能构件组示意图
（图片来源：张宏，等《构件成型·定位·连接与空间和形式生成》）

3.1.4.1 外围护构件组

外围护墙使用了基本围护体（尼高板）系统，利用标准化尼高板系统和局部特殊尼高板系统组织预制装配了整栋建筑的全部外围护体。双层尼高板加空气层以及铝膜保证了整个墙体性能的稳定与可靠。在此基础上，外墙再铺设 3 cm 厚的尼采板，尼采板是一种保温防水装饰一体化新型板材，使外围护结构的性能更好。钢结构连接件与功能构件组——钢筋混凝土结构体中的预埋件配合，可快速定位并施工安装到位，大大缩短了工人劳动时间。

3.1.4.2 天井

被动式节能示例建筑中，最重要的就是天井。组成烟囱效应的天井，通过控制热压通风，调节室内环境的舒适度，从而使得被动式节能得以很好地实现（图 3.1–5）。

3.1.4.3 阳光房

示例建筑一层南面与会客室相接部分设置了一个玻璃阳光房。窗户和

第三章　装配式建筑的设计方法

图 3.1-5

图 3.1-6

图3.1-5　天井实景图
（图片来源：张宏，等《构件成型·定位·连接与空间和形式生成》）

图3.1-6　阳光房实景图
（图片来源：张宏，等《构件成型·定位·连接与空间和形式生成》）

遮阳帘可控，需要蓄热时将窗户关闭，太阳辐射热进入室内，不需要蓄热时可将窗户打开，需要隔热时将遮阳帘关闭（图3.1-6）。

3.1.4.4　冷源与热源

参与调节室内舒适度的冷源来自地下和架空层，热空气经过1.2 m的架空层，温度有所降低，通过可调气孔进入室内，再由天井和节能缓冲空间进入主使用空间，从而在夏天减少了空调的使用。

热源来自阳光照射。太阳作为最佳热量来源，当太阳辐射阳光房与天井时，使得内部空气升温，进而进入主使用空间，使得在有阳光的冬季，室内温度更加宜人。

3.1.4.5　节能缓冲空间

正如前面所述，功能构件组与性能构件组部分是相互交织在一起的，例如一层北面的厨房与卫生间，既是由功能构件组构成的主使用空间的一部分，同时也参与到性能构件组中，成为节能缓冲空间的一部分，使餐厅的热工性能稳定。

3.1.4.6　中国式被动节能

被动式节能房又可译为被动式房屋，是基于被动式设计而建造的节能建筑物。被动式房屋可以用非常小的能耗将室内调节到合适的温度，非常环保。被动式房屋的概念最早源于瑞典隆德大学的阿达姆森（Bo Adamson）教授和德国被动式房屋研究所（Passivhaus Institut）的沃尔夫冈·菲丝特（Wolfgang Feist）博士在1988年5月的一次讨论。通过一系列的研究和德国黑森州政府的资助，被动式房屋的概念逐步确立起来。1990年，最早的一批被动式房屋在德国达姆施塔特建成。1996年，被动式建筑研究所在达姆施塔特成立，致力于推广和规范被动式房屋的标准。

此后有越来越多的被动式房屋落成。

但是符合德国的被动式节能房屋并不符合中国的国情，造价过高等因素限制了其在中国的普及应用。中国应有符合自身当下条件的被动式节能房屋标准，符合中国需求的被动式节能房屋应具有以下几个特点：

1. 具有良好性能

只有具有了良好性能的房子才可能是好房子，脱离性能、空谈艺术、空间的建筑，完全不注重人的健康和舒适感受，注定会在未来被淘汰。随着中国经济飞速发展，必然越来越注重房子的性能，良好的采光通风、隔热保温、隔声降噪是未来建筑研究的方向。

2. 基于工业化具有文化内涵

往往一提工业化给人感觉就是冰冷的，缺乏创意的方盒子。可通过将钢筋混凝土构件组标准化，竖向添加次结构即钢结构来解决相对复杂的造型难题。

3. 适宜技术及被动节能方法

忆徽堂是满足国家绿色二星标准并符合中国国情的被动式节能示范房，通过过渡空间系统节能技术应用、内天井拔风环境控制系统应用、阳光房节能系统应用、独立坡屋顶节能系统应用等技术，用被动式节能设计方法实现建筑节能减排目标。能够在现行现浇钢筋混凝土结构规范下，采用全工业化装配的建造模式高效建造建筑产品，适合城乡大规模应用。该被动式节能技术体系的房屋可形成低层、多层的被动节能住宅产品系列，具有良好性能及广泛的应用前景。

（1）空间被动式设计

建筑整体布局上，尽量减小体形系数。采用大进深以提高土地利用率。如忆徽堂南侧设置有阳光房，在冬天提供热源。节能缓冲空间主要布置在西侧，其承担着多重功能，既是交通空间，又可以有效防止西晒，起到空间被动式节能的作用。

（2）竖向热环境被动式设计

示例建筑（图3.1-8）内部设置拔风天井，并配合智能电动高窗，根据季节和天气变化采用不同的自然通风方式。夏季利用热压差，让室内的热空气从天井上部通风口排出，室外新鲜的冷空气从地下通风口吸入，促

图3.1-8 电动高窗
（图片来源：张宏，等《构件成型·定位·连接与空间和形式生成》）

进自然通风。冬季天井作为阳光房和南侧阳光房一起提高室内空气温度。地下风道也能利用地下热能与空气换热，达到预热空气的目的。天井处选用智能电动高窗（图3.1-8），无线智能化控制，自动开启关闭；外开启设计保证更大的通风面积；预制纱窗，有效地防止蚊虫从电动高窗进入室内。详细分析见图 3.1-9~ 图 3.1-12。

a. 被动式节能分析篇（夏）

夏季晴天日间

气候特点：外界太阳辐射强烈，空气温度高。

使用特征：二层卧室内活动较少，人员主要在一层起居室等活动。

工况简述：关闭朝向太阳房的门，打开太阳房开口，开启地下通风口，让冷空气从通风管道进入一层房间。开启天井高侧窗，天井上空温度被加热形成热压通风的动力，低温空气从一层面向天井的窗户不断补充，降低室内气温，在室内形成微风，提供良好的舒适度。南向屋顶设置太阳能支架，提供太阳能的同时，也起到了遮阳的作用。

夏季雨后或夜间

气候特点：外界气温降低，空气温度低于室内。

使用特征：二层卧室内活动增多，一层起居室也存在活动。

工况简述：开启所有对外门窗，争取最大限度的对外散热。

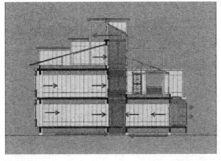
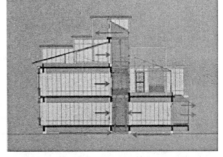

图3.1-9 建筑夏季晴天自然通风示意图
（图片来源：张宏，等《构件成型·定位·连接与空间和形式生成》）

图3.1-10 建筑夏季夜间自然通风示意图
（图片来源：张宏，等《构件成型·定位·连接与空间和形式生成》）

图 3.1-9　　　　　图 3.1-10

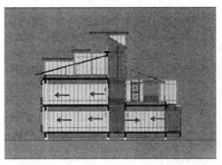
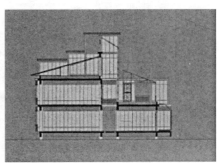

图3.1-11 建筑冬季日间自然通风示意图
（图片来源：张宏，等《构件成型·定位·连接与空间和形式生成》）

图3.1-12 建筑过渡季节自然通风示意图
（图片来源：张宏，等《构件成型·定位·连接与空间和形式生成》）

图 3.1-11　　　　　图 3.1-12

b. 被动式节能分析篇（冬）

气候特点：室外气温较低，北风凛冽。

使用特征：日间主要在一层活动，夜间在二层活动。

工况简述：冬季开启地下通风道，将地下热量送至上部建筑。开启会议室和餐厅对太阳房的门窗，利用太阳房对会议室和餐厅进行加热。若白天主要在会议室和餐厅活动，则关闭卧室开向天井的门窗，开启会议室面向开井的窗户，天井也作为太阳房对客厅进行加热；若在卧室活动：关闭会议室和客厅开向天井的门窗，开启卧室开向天井的门窗，利用天井这个太阳房对卧室进行加热。夜间无太阳辐射，外界气温急剧下降，关闭所有门窗。

c. 被动式节能分析篇（春秋）

气候特点：全天气候宜人，人体舒适度高。

使用特征：日间主要在一层活动，夜间主要在二层活动。

工况简述：根据天气情况及使用者个人喜好，组合门窗开启情况。

3.1.5　文化构件组

文化构件组具有地方和传统文化意味，是建筑工业化在文化层面的提升，体现文化自信。本书示例建筑（忆徽堂）中添加了江南一带传统建筑的韵味，打造文化属性与新型工业化建造的融合。示例建筑中马头山墙与门头的现代演变，通过工业化构件实现的。

3.1.5.1　门头构件

通过圆钢管与工字钢结合，上面做抓点玻璃，为传统门头的现代演变（图 3.1-13）。

 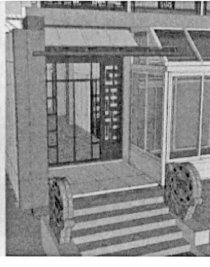

图3.1-13　门头构件实景与模型

（图片来源：张宏，等《构件成型·定位·连接与空间和形式生成》）

3.1.5.2 江南民居立面文化特征构件

从中国江南地区建筑中提炼建筑语汇，结合工业化用现代建筑手法再次设计（图3.1-14~图3.1-16）。

图3.1-14 徽式民居门头
（图片来源：百度图片）

图3.1-15 典型江南建筑立面文化特征与本示例中的再次设计
（图片来源：张宏，等《构件成型·定位·连接与空间和形式生成》）

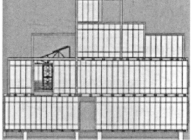

图3.1-16 山墙实景
（图片来源：张宏，等《构件成型·定位·连接与空间和形式生成》）

3.2 装配式建筑集成设计概述

装配式建筑集成设计是一种建筑设计和施工方法，它将建筑的设计、制造、运输和安装过程进行高度协同与集成，强调将建筑构件在工厂中进行预制，然后在现场通过简单的组装完成建筑的方法。所谓集成化设计就是一体化设计，在装配式建筑设计中，特指建筑结构系统、外围护系统、设备与管线系统和内装系统的一体化设计。这种设计理念旨在优化整个建筑过程，提高效率、质量和可持续性。

3.2.1 发展背景

我国的装配式建筑起步于20世纪50年代，历经几十年的发展，仍与发达国家存在较大差距，究其原因主要存在三个方面的问题：一是缺乏以完整的建筑产品为对象，将建筑结构装配与建筑围护、机电设备、装饰装修等各大要素加以整合的系统集成技术与方法；二是基于现浇的设计逻辑，仅通过拆分构件实现"等同现浇"的装配式结构设计缺乏加工、装配的设计技术，设计一体化、标准化程度低，难以适应工业化生产和装配化施工需求；三是缺少装配式建筑通用体系和专用体系，亟待研发与工业化生产方式相适应的若干工业化关键技术体系及设计方法。

由于缺乏正确的方法，多数装配式建筑都以实现结构的装配化为目标。多年的实践证明，只要遵循科学标准及规则进行建造，装配式结构就具有可靠的安全性，其主要缺陷是不能解决目前普遍存在的"三板"问题。装配式建筑很少出现结构问题，却常因为围护、内装等与主体不匹配等问题，造成建筑墙体开裂、渗漏，从而影响建筑的质量和性能。有的装配式建筑则只强调内装的装配式，认为只要实现了内装的装配式，就能完成装配式的建造，交付装配式的建筑产品。其结果是因拖泥带水的施工方式、过大的施工误差、内装产品相互间的不配套造成房屋渗漏，内装工业化也举步维艰。

面对这种情况，我们应采用系统集成的方法，以建筑、结构、机电、装修一体化，以及设计、制造、装配一体化为发展路径，研究装配式建筑设计及建造全过程、全方位的整体解决方案（图3.2-1）。

3.2.2 设计特点

3.2.2.1 预制技术的使用

装配式集成设计利用最新的预制技术，与传统现场浇筑或建造方法相

第三章 装配式建筑的设计方法

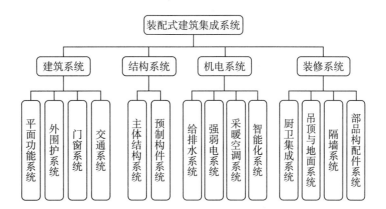

图3.2-1 装配式建筑集成系统分类
（图片来源：NA专栏｜樊则森，等《装配式建筑的物质性特征及其系统集成设计方法》）

比，可以大大提高质量控制水平。这种方法实现更精确的制造，减少材料浪费，并缩短建筑时间。预制元件包括结构组件（如梁、柱、楼板）、外墙和内墙板、卫生间和厨房模块等。

3.2.2.2 模块化和标准化

装配式集成设计通过模块化和标准化来提高效率。模块化指的是将建筑分解为可以独立制造，然后在工地上组装的单元或模块。标准化涉及创建可互换的部件和系统，这些可以在不同的项目中被重复使用。这种方法减少了设计和生产的时间，使得批量生产成为可能，进而降低成本。

3.2.2.3 集成团队合作

装配式集成设计要求项目的所有利益相关者（设计师、工程师、施工队伍、供应商等）从项目的早期阶段就开始紧密合作。这种协作确保了设计的可执行性，预制组件的无缝集成，以及施工过程的高效率。利用集成项目交付（Integrated Project Delivery，IPD）模式可以优化资源分配，减少冲突和返工，确保项目按时按预算完成。

3.2.2.4 利用先进技术

装配式集成设计广泛利用先进的信息技术，如建筑信息模型（BIM）和计算机辅助设计（Computer Aided Design, CAD），以及数字制造技术，如3D打印。BIM提供了一个多维的数字表示方法，可以用于设计、分析、文档和施工管理，确保各阶段的信息准确传递。这些技术提高了设计的准确性，优化了材料使用，并使项目管理更加高效。

3.2.2.5 环境和可持续性

装配式集成设计通过减少现场作业和材料浪费，提高能源使用效率，有助于建筑项目的可持续性。预制组件的使用减少了现场施工对环境的影响，如噪声污染、空气污染和对场地的干扰。此外，工厂生产可以更容易地采用可回收材料和高效的能源管理系统，进一步减少环境污染。

3.2.2.6 应用范围

装配式集成设计被广泛应用于住宅建筑、商业建筑、教育和医疗设施，以及基础设施和工业项目。由于其高效性和可持续性，这种方法特别适用于需要快速施工的项目，例如灾后重建、紧急住房，以及在人口密集或劳动力成本高的地区的建设项目。

3.2.3 集成设计案例——东南大学轻型结构房屋

自 2011 年东南大学建筑学院建筑技术科学研究所与瑞士苏黎世联邦理工学院（ETH Zurich）合作开展以真实的预制装配式建筑为教学成果的"紧急建造"主题教学以来，研究团队一直在从事装配式轻型结构（钢材、铝合金）房屋产品系列的研究和实践工作，以探讨面向真实建造的装配式建筑系统集成方法在方案设计和深化设计中的具体应用成效和潜在价值，明确了多功能、可移动、高集成的建筑产品化研究方向。2011—2018 年间，团队设计和建造了紧急建造庇护所（2011 年）、自保障多功能活动房（2012 年）、台创园多功能办公房（2012 年）、微排未来屋（2014 年）、梦想居未来屋（2015 年）、农村多功能房（2016 年）、孔家村居民服务中心（2017 年）和共享立方 C-House（2018 年）等八代迭代产品。

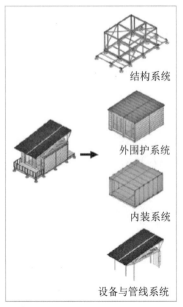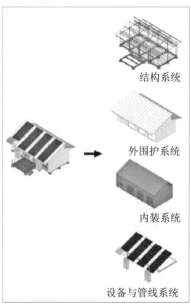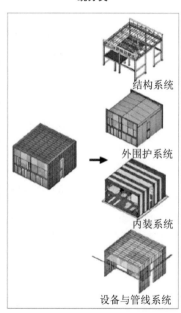

图3.2-2 轻型结构房屋系列产品的构件系统分类

第三章 装配式建筑的设计方法

典型的例如第二代至第五代产品的一体化集成标准化主体模块（箱体单元）。第一代和第二代产品的主体模块主要将结构框架部分、外围护部分和内装部分的构件和材料系统集成在一个箱体单元内，第三代、第四代和第七代产品的主体模块还额外集成了太阳能光电光热系统、整体卫浴和厨房系统、智能家居系统、可变家具系统等，从而具备低碳、零能耗的绿色建筑特性。将主体模块系统集成不仅能够满足建筑模块化的可变需求，还可以实现后续建造过程的准确和高效，只需要载重拖车和汽车起重机就可以进行快速运输和现场装配。

图3.2-3 轻型结构房屋系列产品构造示意

（图片来源：NA 专栏｜罗佳宁，等《面向真实建造的装配式建筑系统集成方法应用实践——以东南大学轻型结构房屋系列产品为例》）

1. 屋顶结构框架　6. 外围护屋面板
2. 主体结构框架　7. 内围护墙板
3. 基座梁　　　　8. 外围护墙板
4. 基座　　　　　9. 地板
5. 内围护屋面板　10. 太阳能光伏系统

图3.2-4 轻型结构房屋系列产品现场安装

（图片来源：NA 专栏｜罗佳宁，等《面向真实建造的装配式建筑系统集成方法应用实践——以东南大学轻型结构房屋系列产品为例》）

3.3 装配式建筑集成设计原则

装配式集成设计的原则是为了促使建筑行业朝着更高效、质量更可控、资源更可持续的方向发展。其设计基本原则如下。

3.3.1 模数化设计

定义：将建筑分解为独立的模块或构件，这些构件在工厂中进行生产，具有标准化的规格和功能。所谓模数，就是选定的尺寸单位，作为尺度协调中的增值单位。建筑的基本模数是指模数的基本尺寸单位，用 M 表示，1 M=100 mm。建筑物、建筑的一部分和建筑部件的模数化尺寸，应当是 100 mm 的倍数。扩大模数是基本模数的整数倍数，分模数是基本模数的整数分数。

一般来说，装配式建筑的模数有以下规定。

（1）装配式建筑的开间或柱距、进深或跨度、门窗洞口等宜采用水平扩大模数 $2n$M、$3n$M（n 为自然数）。

（2）装配式建筑的层高和门窗洞口高度等宜采用竖向扩大模数数列 nM。

（3）梁、柱、墙等部件的截面尺寸等宜采用竖向扩大模数数列 nM。

（4）构造节点和部件的接口尺寸采用分模数数列 nM/2、nM/5、nM/10。

模数协调：就是按照确定的模数设计建筑物和部品部件的尺寸。模数协调是建筑部品部件制造实现工业化、机械化、自动化和智能化的前提，是正确和精确装配的技术保障，也是降低成本的重要手段。

模数协调的具体目标包括。

（1）实现设计、制造、施工各个环节和各个专业的互相协调。

（2）对建筑各部位尺寸进行分割，确定集成化部件、预制构件的尺寸和边界条件。

（3）尽可能实现部品部件和配件的标准化，特别是用量大的构件，优选标准化设计。

（4）有利于部件、构件的互换性，模具的共用性和可改用性。

（5）有利于建筑部件、构件的定位和安装，协调建筑部件与功能空间之间的尺寸关系。

优势：模数化设计可以更容易对建筑构件进行预制、测试和质量控制。

3.3.2 标准化设计

定义：装配式建筑的部品部件及其连接应采用标准化、系列化的设计方法，主要包括以下几方面。

(1)尺寸的标准化。
(2)规格系列的标准化。
(3)构造、连接节点和接口的标准化。

标准化覆盖范围：装配式建筑受运输条件、各地习俗和气候环境的影响，地域性很强，标准化不一定非要强求大一统。配件、安装节点和接口可以要求大范围实现标准化，但受运输、地方材料、气候、民俗限制和影响的部品部件，小范围实行标准化即可。例如，钢筋连接套筒可以实现全国范围的标准化，但小建筑的外墙板，如四川西部、安徽南部地区小建筑外墙板就没有必要也不可能实现相同的标准化，各自制定本地区的标准即可。

模块化设计：所谓模块是指建筑中相对独立，具有特定功能，能够通用互换的单元。装配式建筑的部品部件及部品部件的接口宜采用模块化设计。例如，集成式厨房就是由若干个模块组成的，包括灶台模块、洗涤池模块、厨房收纳模块等。

3.3.3 工厂化生产

定义：预制构件在工厂中进行生产，通过流水线和自动化工艺实现高效、精密的制造过程。

优势：工厂生产能够确保构件在受控的环境中制造，提高质量可控性，减少材料浪费，加快生产速度。

3.3.4 BIM技术的应用

定义：BIM（Building Information Modeling/Management）简单直译为"建筑信息模型/管理"，也可以把BIM理解为"建筑信息化"。利用建筑信息模型（BIM）技术，将建筑设计、施工和运维的过程数字化，实现信息的集成和共享。

优势：BIM技术促进了设计团队之间的协同工作，减少了信息不一致和冲突，提高了设计的准确性和一致性。

3.3.5 系统集成与协同设计

定义：不同系统（结构、电气、水暖等）之间通过协同设计实现紧密集成，确保各系统在装配过程中协调无缝。协同设计是指各个专业（建筑、结构、装修、设备与管线系统各个专业）、各个环节（设计、工厂、施工环节）进行一体化设计。

装配式建筑对协同设计的要求比现浇混凝土建筑对协同设计的要求

多。原因如下：

（1）装配式建筑，特别是装配式混凝土建筑，各个专业和各个环节的一些预埋件、预埋物要埋设在预制构件里，一旦构件设计图中没有设计进去，或者位置不准，等构件到了现场就很难补救，会造成很大的损失。如砸墙凿槽容易凿断钢筋或破坏混凝土保护层，形成结构安全隐患。

（2）按照国家标准的要求，装配式建筑应进行全装修，如此，装修设计必须提前，因为许多装修预埋件预埋物要设计到构件图中。

（3）按照国家标准的要求，装配式建筑宜进行管线分离、同层排水，如此，也需要各个相关专业密切协同设计。

（4）预制构件制作过程需要的脱模、翻转等吊点，安装过程需要的吊点和预埋件，还有施工过程需要埋设在构件中的预埋件，都需要设计到预制构件图中，一旦遗漏，则很难补救。

优势：系统集成优化了建筑系统的性能，减少了设计错误和施工中的问题，提高了整体建筑的效率和可靠性。

3.3.6　现代化运输与安装

定义：采用现代化的运输方式将预制构件从工厂运送到建筑现场，并通过简单的组装完成安装。

优势：现代化运输和安装方法减少了施工现场的物流复杂性，缩短了工程周期，降低了人力需求，提高了安装的精度。

3.3.7　可持续性考虑

定义：在整个设计过程中考虑资源利用效率、能源效益和环境影响，追求建筑的可持续性。

优势：可持续性原则有助于减少建筑对自然资源的依赖，降低环境影响，符合当代社会对绿色建筑的需求。

这些原则相互交织，共同构成了装配式集成设计的基础，使其成为一种综合性、高效率的建筑方法。这种设计理念不仅在提高建筑质量和效率上具有优势，还对推动建筑行业向更加可持续和智能化的方向发展起到了积极的作用。

3.4　装配式建筑集成设计流程

装配式集成设计的流程涵盖了建筑项目从规划到运营的整个生命周期。以下是典型的装配式集成设计流程。

3.4.1 前期规划与准备阶段

1.项目评估：确定项目的可行性，包括建筑类型、规模、用途，以及适用于装配式建筑的程度。
2.制订整体计划：确定项目的整体时间表，包括设计、制造、运输和现场安装等各个阶段。
3.团队组建：组建专业的装配式建筑设计团队，包括建筑师、结构工程师、系统工程师等。

3.4.2 设计阶段

1.初步设计：制定初步的装配式建筑设计方案，确定模块化构件的形状、尺寸和功能。
2.BIM建模：利用BIM技术进行建筑信息建模，确保设计团队和生产团队之间的信息共享和协同。
3.系统协同设计：不同系统的工程师协同设计，确保各个系统在装配阶段协调一致。

3.4.3 生产制造阶段

1.工厂预制：生产模块化构件，进行质量控制和检测，确保构件符合设计标准。
2.资源优化：优化生产过程，减少浪费，提高生产效率。
3.物流规划：规划装配式构件的运输路径，选择现代化的运输工具。

3.4.4 现场安装与调试阶段

1.运输到现场：将预制构件运输到建筑现场，根据计划进行卸载。
2.组装与安装：进行模块化构件的组装和安装，确保各构件正确衔接，建筑结构完整。
3.调试与验收：进行系统的调试，确保各个系统正常运行。进行最终验收，确保建筑符合设计要求。

3.4.5 运维与管理阶段

1.运维计划：制订建筑的长期运维计划，包括定期检查、维护和更新。

2. 监测与反馈：安装监测设备，实时监测建筑的性能，收集数据并反馈给维护团队。

3. 持续改进：根据运维过程中的经验和反馈，进行持续改进，提高建筑的可维护性和性能。

通过这个流程，装配式集成设计能够将建筑过程分为多个阶段，确保设计、制造、运输和安装等各个环节有序进行，最终实现高效、可控的建筑过程。这个流程的关键在于各个团队的协同合作，以及对建筑全生命周期的通盘考虑。

3.5 装配式建筑集成设计关键技术详述

3.5.1 BIM 技术

BIM 技术在装配式建筑设计中的应用程度远远超出了传统的绘图工具。它提供了一个多维度的信息模型，包含了建筑的几何形状、空间关系、地理信息，以及构件的材料属性和数量。BIM 技术使得设计、分析、模拟和文档自动生成等过程更加高效、准确。

以往建筑业多有资源浪费、行业效率低下、作业环境恶劣的情况。自从人类进入 21 世纪，随着 BIM 技术的出现，计算机技术的飞速发展，建筑业也进入一个全新的信息化时代。2005 年前后，Autodesk 大学合作项目（又称长城合作项目）在中国学界启动，BIM 技术理论体系在国内逐渐形成。初期，人们误以为 BIM 就是一款软件。可以用三维来呈现建筑实物的虚拟技术，并从虚拟构造物上快速注释及提取出人们需要的各类信息，后来发现其功能和广阔的应用前景不仅仅是一款软件。其实，BIM 更是一个"方法论"，是"信息化技术"切入建筑业并帮助提升建筑业整体水平的一套全新方法。BIM 的基础在于三维图形图像技术。在此之前，传统工程领域的技术交流、信息传递基本都是依靠二维的抽象符号来表达一个个具体的实物，那时建筑业技术壁垒高筑；BIM 技术是用三维具象符号来表达一个个具体的实物，这时的建筑技术变得如同搭积木一样有序而可视。

BIM 的核心内容在于信息数据流，与真实世界里的实物非常具象的"虚拟构件"有着对应的 ID 名称，各类属性信息，这些信息从真实实物诞生开始逐步完善，并以电子数据的形式存在，在不同阶段都发挥出最大的作用，直至真实世界里的实物使用完毕直至报废，附在其上的信息数据流才完成使命，可以说信息数据流是 BIM 的"灵魂"。BIM 的信息传递最普遍的介质就是电子媒介，随着即时通信技术、互联网技术的飞速发展，各类移动终端设备的大量普及应用，纸类介质在 BIM 信息传递过程中完全被边缘化，这是因为电子媒介的出现，凡是通电有网络的环境，BIM 的信息数据流就会顺畅无阻，信息孤岛被有效遏制。

BIM 技术的发展，使先进的设备、仪器在建筑业发挥出更大的价值：三维扫描设备、放样机器人设备、VR/MR 设备等都让从业人员的工作更轻松，完成的工作质量更高。BIM 最好的呈现过程在于建设工程项目的信息化管理执行过程。

BIM 的价值在于可以大幅提升建筑业的效率及效益，在于让建筑从业人员的工作更轻松更有趣。BLM（Building Lifecycle Management），本意直译为"建设工程全生命周期管理"，是 BIM 的纵深应用范畴，它把一个建筑物当作一个生命体来看待，有出生、长大、鼎盛、衰亡。不同的生命周期时段，贯穿于建设工程全过程，即从概念设计到拆除或拆除后再利用，通过三维数字化的方法来创建、管理和共享整个建筑从设计、施工到运营使用全生命周期的信息。BIM 技术与工业自动化控制技术，与传感器技术，与云端数据库技术的结合，为 BLM 了有力保障。BIM 技术即是"建筑信息化"技术，BIM 技术为古老的建筑业插上了腾飞的翅膀，让建筑业进入一个全新的时代；"装配式建筑"俗称"拼装房"，其建造特性决定了更加高度依赖信息化技术，BIM 技术同"装配式建筑"有机融合是发展的必然趋势。

装配式建筑的要求高且精确，更需要设计部门各个专业、设计与制作施工环节，必须实现信息共享、全方位交流和密切协同，需要三维可视的检查手段，需要全链条的有效管理和无缝衔接。部件的大量工厂化生产制造，相对于施工现场现浇来讲，效率得到极大的提升，资源浪费被有效遏制，特别是作业人员的工作生活环境得到改善。同时对于部件生产所执行技术文件和生产质量精度控制都提出了更高更严的要求，工厂生产环节是装配式建筑建造中特有的环节，也是构件由设计信息变成实体的阶段。为了使预制构件实现自动化生产，集成信息化加工（Computer Aided Manufacturing，CAM）和制造执行系统（Manufacturing Execution System，MES）的信息化自动加工技术可以将 BIM 设计信息直接导入工厂中央控制系统，并转化成机械设备可读取的生产数据信息。通过工厂中央控制系统将 BIM 模型中的构件信息直接传送给生产设备自动化精准加工，提高作业效率和精准度。工厂化、生产信息化管理系统可以结合射频识别技术（Radio Frequency Identification，RFID）与二维码等物联网技术及移动终端技术实现生产计划、物料采购、模具加工、生产控制、构件质量、库存和运输等信息化管理。不妨试想一幢大厦，需要把它拆分成一件一件可以具体在工厂加工制造的建筑部件，若不借助 BIM 技术，仍沿用传统的工程技术图样来拆分处理，难度系数将非常大，出错率也会极高，这还只是执行的技术文件层面可能出现的问题，若不借助先进的 BIM 检测设备仪器来检验校核成品构件的质量精度，最终的损失会极其惨重，也可能会出现批量化生产、批量化报废的结局。

实际上，在一些大型装配式建筑施工过程中，常常会采用BIM技术来预先虚拟呈现一些关键构件的包装运输工序，管理人员可以通过BIM模拟过程发现高复杂环境下的吊装计划是否合理可行。这样可以有效规避一些安全事故的发生。

装配式建筑的现场作业内容发生巨大变化，现浇的作业任务大大减少，成品部件的现场装配作业任务增多，无论是已经装配完成的构件或者是正准备安装的构件，只要有些许的质量不合格，尺寸误差偏大，成品构件就基本报废。

在BIM一体化设计中，建筑、结构、机电、装修各专业根据统一的基点、轴网、坐标系、单位、命名规则、深度和时间节点在平台化的设计软件中进行模型的搭建。同时各专业还可以从建筑标准化、系列化构件库中选择相互匹配的构件和部品部件等模块来组建模型，大大提高构件建模拆分的标准化程度和效率，可以有效保证运输到现场的吊装模块的质量，使得装配完成的建筑一次成型。在装配式建筑中，针对各个流程环节的管理要求会更加严格，同时高度依赖信息化管理技术，BIM的信息管理云平台（或者叫项目管理门户）是通过建立一个云数据中心作为工程项目BIM设计、生产、装配信息的运算服务支持。通过该平台可以形成企业资源数据库，实现协同过程的管理。

1. 设计协调和一致性：BIM软件可以将建筑设计的各个方面集成到一个统一的三维模型中，包括建筑结构、机电管道、设备等。设计团队可以在模型中同时工作，协调不同专业的设计，确保各个部分之间的一致性和协调性。通过BIM软件，设计团队可以及早发现并解决潜在的设计冲突和问题，从而避免在施工阶段造成额外的成本和延误。

2. 构件预制和定制：BIM软件可以帮助设计团队对装配式建筑中使用的构件进行精确建模和设计。设计团队可以在模型中准确地表示每个构件的尺寸、形状、材料和安装要求，从而实现定制化的设计和生产。这有助于提高构件的质量和精度，并降低生产成本和浪费。

3. 碰撞检测和冲突解决：BIM软件具有强大的碰撞检测功能，可以在设计阶段发现不同专业之间的冲突和问题。设计团队可以利用BIM软件对模型进行碰撞检测，并及时解决冲突，确保各个部分之间的协调和一致性。这有助于提高设计的质量和效率，减少施工中的变更和调整。

4. 材料管理和优化：BIM软件可以帮助设计团队对装配式建筑中使用的材料进行管理和优化。设计团队可以在模型中准确地估算每个构件所需的材料数量，并优化材料的使用和采购计划。这有助于降低建筑成本，减少浪费，并提高施工的效率和可持续性。

5. 施工可视化和协调：BIM模型可以用于生成高质量的施工图和施工

模拟，帮助施工团队理解设计意图，规划施工过程，并协调施工活动。对于装配式建筑而言，BIM 模型可以用于模拟构件的安装过程，帮助施工团队更好地理解和规划施工活动，提高施工的质量和效率。

6. 数据交换和集成：BIM 模型可以作为装配式建筑设计和生产过程中的重要数据平台，实现不同软件和系统之间的数据交换和集成。设计团队可以将 BIM 模型与生产系统、ERP 系统等集成，实现数据的无缝传输和共享，提高设计和生产的效率和质量。

综上所述，BIM 技术在装配式建筑设计中的应用可以帮助设计团队实现设计协调、构件预制、碰撞检测、材料管理、施工协调等目标，从而提高建筑项目的质量、效率和可持续性。

3.5.2 自动化生产

在装配式建筑中，构件的生产越来越多地依赖于自动化技术，包括使用高精度的计算机数控机床（Computer Numerical Control，CNC）和机器人等技术。这些技术不仅提高了生产效率，还确保了构件的质量和精度。

1.CAD/CAM 技术：计算机辅助设计（CAD）和计算机辅助制造（CAM）技术被广泛应用于装配式建筑设计。CAD 软件可以帮助设计团队创建精确的构件和模块设计，而 CAM 技术则将这些设计转化为机器可读的指令，以便在数控机床上进行自动化加工和制造。

2. 数控机床和机器人：自动化生产中的数控机床和机器人可以根据 CAD/CAM 技术生成的指令精确地加工和制造建筑构件和模块。数控机床可以进行钻孔、切割、铣削等加工操作，而机器人则可以进行焊接、组装等装配操作，从而实现高质量、高效率的生产。

3. 3D 打印技术：3D 打印技术在装配式建筑设计中的应用越来越广泛。通过 3D 打印技术，设计团队可以直接将 CAD 设计转化为实体构件，而无需传统的模具和工艺。这种直接制造的方式可以大大缩短生产周期，并实现个性化定制和复杂形状构件的生产。

4. 预制装配线：自动化生产中的预制装配线可以实现流水线式的生产流程，将建筑构件和模块按照一定的顺序和步骤进行加工和装配。预制装配线通常包括自动化设备、输送系统和智能控制系统，可以实现高度自动化和精确控制的生产过程。

5. 智能控制系统：自动化生产中的智能控制系统可以实现对生产过程的实时监控和调节。这些系统可以收集和分析生产数据，识别和预防潜在的问题，优化生产效率和质量，从而确保装配式建筑的生产过程稳定可靠。

6. 质量控制和检测：自动化生产中的质量控制和检测系统可以实时监测和评估建筑构件和模块的质量。通过使用传感器、成像技术和人工智能等先进技术，可以及时发现并纠正生产过程中的缺陷和问题，确保生产的构件和模块符合设计要求和标准。

3.5.3 材料创新

装配式建筑的发展也推动了建筑材料技术的进步。新型材料不仅要满足强度和耐久性的要求，还要考虑环境影响和可持续性。

1. 轻质高强材料：轻质高强材料如玻璃纤维增强混凝土（Glass Fiber Reinforced Concrete，GFRC）、碳纤维复合材料等在装配式建筑中得到广泛应用。这些材料具有重量轻、强度高、耐久性好等优点，适合用于制造构件和模块，可以降低建筑自重、减轻施工负荷，提高建筑结构的稳定性和安全性。

2. 智能材料：智能材料如自修复材料、感应材料、相变材料等在装配式建筑设计中发挥着重要作用。这些材料具有智能响应、自适应调节等特性，可以提高建筑的舒适性、节能性和环保性，满足用户对于建筑功能和性能的需求。

3. 环保材料：环保材料如再生材料、可降解材料、无机材料等在装配式建筑中越来越受到重视。这些材料具有低碳排放、循环利用、资源节约等特点，符合建筑可持续发展的要求，可以降低建筑对环境的影响，提高建筑的绿色性能。

4. 多功能复合材料：多功能复合材料如光伏玻璃、石墨烯复合材料等在装配式建筑设计中得到广泛应用。这些材料具有多种功能，如发电、隔热、隔音等，可以实现建筑外墙、屋面、窗户等部位的多功能集成，提高建筑的综合性能和利用效率。

5. 仿生材料：仿生材料如生物复合材料、生物陶瓷材料等在装配式建筑设计中也有所应用。这些材料受生物体结构和功能的启发，具有优异的力学性能、生物相容性和环境适应性，可以用于制造建筑构件和模块，提高建筑的健康性和舒适性。

因此，新型材料技术在装配式建筑设计中的应用可以推动建筑行业向智能化、环保化、多功能化和健康化方向发展，为建筑设计提供了更多的可能性和创新的空间。

3.6 装配式建筑集成设计案例分析

3.6.1 项目背景

福州市长乐区新村小学项目，位于福州滨海新城漳江路东侧，湖文

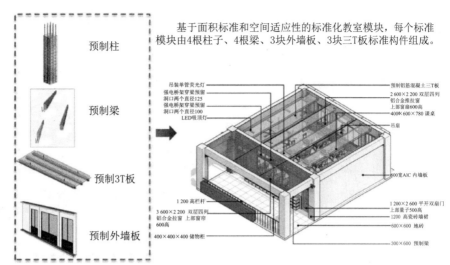

图3.6-1 装配式建筑设计方案
（图片来源：福建省住房和城乡建设厅）

路南侧。项目建设规模为48个班，建筑内容包括教学楼、综合行政楼、多功能厅及体育馆、运动场、环形跑道、停车场、人防工程，以及相关的室外配套设施等附属工程。其中教学楼结构类型为装配式框架结构，建筑高度为18.15 m~19.65 m，建筑面积13 744 m²。项目已经通过设计阶段预评价，建筑单体装配率为91%，已经完成主体施工。

3.6.2 设计创新

在方案设计阶段就开始装配式建筑策划，全专业进行协同设计，方案采用标准统一模块化设计，以可持续发展为核心，实现全生命周期设计。形成基于面积标准和空间适应性的标准化教室模块，每个标准模块由3块外墙板、3块三T板、4个柱子、4根梁标准构件组成，如图3.6-1所示。竖向构件采用预制柱，上下柱连接采用钢筋套筒灌浆连接，进一步提高装配率，确保装配体系的完整性，解决传统装配和现浇混用的问题。外墙采用预制外挂墙板，集成了窗户副框、悬挑板、滴水线等部件，一体化生产，大幅压缩施工措施费用及人工成本。

3.6.3 施工过程

项目应用公司创新研发的预制三T板构件，提高整体预制装配率进而提高施工质量，如图3.6-2所示。结合教室开间对三T板进行深化设计，每间教室采用相同规格的数块预制三T板，减小了梁高，室内净空大，吊顶安装空间足，标准化程度高，天花效果整洁。在施工过程中，预制三T

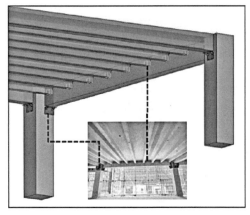
图 3.6-2

图 3.6-3

图3.6-2 预制梁与框架柱支撑示意图
（图片来源：福建省住房和城乡建设厅）

图3.6-3 三T板施工吊装现场图
（图片来源：福建省住房和城乡建设厅）

图3.6-4 三T板应用情况
（图片来源：福建省住房和城乡建设厅）

板采用预埋在叠合梁上的U型钢牛腿支撑，免除满堂架支模体系搭拆等工序，实现免撑免模施工，标准化组合，绿色施工，快速建造。

构件运输过程中，每块三T板增加四道横向槽钢，有效避免三T板因过长产生底部开裂。起步1.1 m设置第一道，后续每间隔1.7 m设置一道。构件厂安装完成后装车，吊装过程中不得拆卸，混凝土现浇层施工完成后拆除槽钢，吊装现场如图3.6-3所示。相邻构件连接处，三T板板缝采用密缝拼接，预制混凝土构件截面尺寸质量控制精确，连接楼处平整度、顺直度控制好，构件吊运装配完成达到连接密缝，浇筑上部混凝土结合成整体且不漏浆。吊装完成后，下部粘贴200 mm宽镀锌钢丝网，抗裂砂浆施工密实、平整，便于后期装饰施工，如图3.6-4所示。

第三章　装配式建筑的设计方法

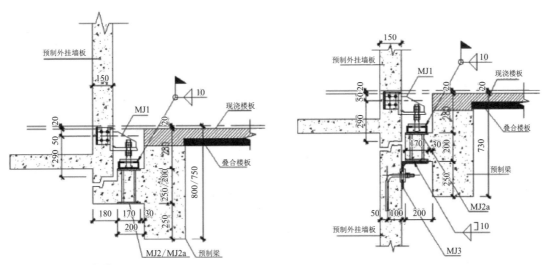

图3.6-5　预制外挂墙板详图
（图片来源：福建省住房和城乡建设厅）

图3.6-6　预制外墙板现场图
（图片来源：福建省住房和城乡建设厅）

结合项目教室开间尺寸拆分出两种标准尺寸的预制外挂墙板，墙板组合集成了窗户副框部件，实现工厂一体化生产，现场模块化安装，免外架、内撑、一次安装成型，如图3.6-5所示。

预制外挂墙板吊装前，根据预制外挂墙板吊装索引图，在预制外挂墙板上标明各个预制外挂墙板所属的吊装区域和吊装顺序编号，以便于吊装工人确认；并按设计要求，根据楼层已弹好的平面控制线和标高线，确定预制外挂墙板安装位置线及标高线并复核。预制外挂墙板施工时，应边安装边校正，根据已弹的预制外挂墙板安装控制线和标高线，调节预制外挂墙板的标高、轴线位置和垂直度。预制外挂墙板现场情况如图3.6-6所示。

3.6.4 性能评估

通过该装配体系的设计和应用,项目装配率按省标评级高达91%,达到省内领先水平。有效解决国内传统预制装配结构体系存在的现浇与预制混用的问题,实现全预制施工,其中采用的预制三T板构件为国内首创,技术水平和难度达到国内先进水平。

项目在建造全过程、全专业应用BIM技术,发挥工业化生产优势,项目全专业BIM应用,打造出涵盖建造各环节的数字化管理平台,推进设计、施工、生产信息共享,并利用智慧工地平台对构件实施设计、生产、运输、安装等进行全过程跟踪,实现智慧建造。通过实施工程总承包管理,综合运用装配式建造技术、BIM应用及绿色建造技术,为项目建设带来全方位提升,并对住建行业科技进步起到推动作用。

项目通过工程总承包管理模式的运行,将新型装配构件和免支撑体系的研究应用、BIM技术的协同、智慧建造平台、绿色建造等多项技术集成,相对于传统预制装配结构体系,减少了竖向支撑和模板安装工作量,降低成本,减少工程投资,且工序相对简单,减少工序搭接时相互影响缩短施工周期,有显著的工期效益。经过测算,通过高装配体系施工单层结构工期可缩短2天,整体工期缩短约20%,总体造价节约5%,废水等污染物排放减少约12%,既提高经济性又节能降耗,经济和社会效益显著。对推动经济社会可持续发展起到积极作用。

3.7 装配式建筑集成设计的前景与挑战

装配式建筑集成设计在当前以及未来都具有广阔的前景,但也面临一些挑战。

3.7.1 前景

1. 提高效率和质量:装配式建筑集成设计可以实现工厂化生产和现场组装,大大提高了建筑施工效率,并且受到工厂条件的严格控制,可以保证建筑质量。

2. 节约资源和减少浪费:通过优化设计和精确制造,装配式建筑可以最大限度地节约材料和能源,并减少建筑施工过程中的浪费,符合可持续发展的理念。

3. 适应快速变化的需求:装配式建筑设计具有灵活性,可以根据不同项目和需求进行定制化设计和生产,适应快速变化的市场需求。

4.提升建筑性能：装配式建筑集成设计可以实现建筑构件和系统的优化集成，提高建筑的综合性能，如节能、隔音、防火等，提升用户体验。

5.降低成本和提高竞争力：装配式建筑设计可以通过规模化生产和标准化模块化设计降低成本，并且缩短了施工周期，可以减少建筑的间接费用，提高竞争力。

3.7.2 挑战

1.设计标准化和个性化之间的平衡：装配式建筑集成设计需要在标准化和个性化之间找到平衡，既要保证设计的灵活性和定制化，又要提高生产效率和降低成本。

2.技术创新和应用难度：装配式建筑集成设计需要依赖先进的技术和设备，包括BIM技术、智能制造技术等，而这些技术的应用和推广仍然存在一定的难度。

3.供应链管理和协调：装配式建筑设计涉及多个环节和多个参与方，需要进行有效的供应链管理和协调，以确保各个环节的顺畅和协同。

4.法规和标准的不完善：装配式建筑设计受到法规和标准的限制，目前相关法规和标准尚不完善，需要进一步健全和完善。

5.市场认知和接受度：尽管装配式建筑设计具有诸多优势，但在一些地区和市场上仍然存在认知和接受度不足的问题，需要加强宣传和推广。

3.8 本章小结

通过对本章的探究，了解到装配式集成技术主要运用在建筑、结构、机电、装修这四个方面。集成设计不单单是一种设计，它还是一种全过程的设计流程。包括建筑产品的方案设计到最终的项目落地。因此，要想把握好集成设计，必须拥有整体思维。

参考文献

[1] 张宏,朱宏宇,吴京,等.构件成型·定位·连接与空间和形式生成[M]. 南京：东南大学出版社,2016.

[2] 刘东卫.装配式建筑系统集成与设计建造方法[M].北京：中国建筑工业出版社,2020.

[3] 杨峰斌.装配式混凝土建筑结构施工技术的关键点分析[J].广东建材, 2024,40(4)：111-114.

[4] 许龙江.PC构件在装配式住宅施工中的问题及处理措施[J].中国建筑金

属结构,2024(3):74-76.

[5] 赖华山.浅析装配式住宅建筑预制构件施工技术[J].四川水泥,2024(4):109-111.

[6] 张学文.基于PC构件的装配式建筑施工技术分析[J].陶瓷,2024(2):151-154.

[7] 袁佳.装配式建筑PC构件生产及施工要点[J].房地产世界,2024(3):128-130.

第四章 装配式建筑生产建造

4.1 装配式预制混凝土建筑

4.1.1 预制混凝土构件制作

4.1.1.1 预制构件生产流程

预制混凝土构件主要生产环节包括：模具制作、钢筋与预埋件加工、混凝土构件制作。

1. 模具制作

所有预制构件都是在模具中制作的（图 4.1-1）。最常用的模具是钢模具，也可用铝材混凝土、超高性能混凝土、玻璃纤维增强混凝土（Glass fiber Reinforced Concrete，GRC）制作模具。造型或质感复杂的构件可以用硅胶、常温固化橡胶、玻璃钢、塑料、木材、聚苯乙烯、石膏制作模具。模具设计与制作要求如下：

（1）形状与尺寸准确。

（2）有足够的强度和刚度，不易变形。

（3）立模和较高模具有可靠的稳定性。

（4）便于安放钢筋骨架。

（5）穿过模具的伸出钢筋孔位准确。

（6）固定灌浆套筒、预埋件、孔眼内模的定位装置位置准确。

（7）模具各部件之间连接牢固，接缝紧密，不漏浆。

（8）装拆方便，容易脱模，脱模时不损坏构件。

（9）模具内转角处平滑。

（10）便于清理和涂刷脱模剂。

（11）便于混凝土入模。

（12）钢模具既要避免焊缝不足导致连接强度过弱，又要避免焊缝过多导致模具变形。

（13）模具造型和质感表面与衬模结合牢固。

（14）满足周转次数要求等。

a. 梁的模具

b. 墙板模具

图4.1-1 预制构件模具示例

（a图片来源：http://www.syabjd.com/article/173.html）

（b图片来源：https://show.precast.com.cn/mobile/index.php?moduleid=5&itemid=973）

2. 钢筋与预埋件加工

预制构件一般是将钢筋骨架加工好，灌浆套筒或浆锚搭接内模、预埋件、吊钩、吊钉、预埋管线与钢筋骨架连接固定好，然后一并入模。

钢筋加工包括钢筋调直、剪裁、成型、组成钢筋骨架、灌浆套筒与钢筋连接、金属波纹管或孔内模与钢筋骨架连接、预埋件与钢筋骨架连接、管线套管与钢筋骨架连接、保护层垫块固定等。

工厂钢筋加工比工地加工的优势是可以较多地借助自动化设备，提高质量与效率。不过，并不是所有钢筋加工环节都可以实现自动化，手工加工目前还是必不可少的方式。

1）钢筋加工方式

（1）自动化加工钢筋的范围。自动化加工钢筋的范围包括：钢筋调直、剪裁、单根钢筋成型（如制作钢箍）、规则的单层钢筋网片、钢筋桁架焊接成型，钢筋网片与钢筋桁架组装为一体等。

（2）手工加工方式。手工加工方式的钢筋调直、剪切、成型等环节一般通过加工设备完成，由人工通过绑扎或焊接形成钢筋骨架。

目前，世界上只有极少的板式构件如叠合板钢筋可以实现全自动化加工和入模，其他构件都须借助手工方式加工钢筋骨架。

2）钢筋加工基本要求

（1）钢筋、焊条、灌浆套筒、金属波纹管、预埋件、保护层垫块等材料符合设计与规范要求。

（2）钢筋焊接和绑扎符合规范要求。

（3）钢筋尺寸、形状，以及钢筋骨架尺寸、保护层垫块位置等符合设计要求，误差在允许偏差范围内。

（4）附加的构造钢筋，如转角处、预埋件处的加强筋等，没有遗漏，位置准确。

(5) 套筒、波纹管、内模、预埋件等位置准确,误差在允许偏差范围内;安装牢固,不会在混凝土振捣时移位、偏斜。

(6) 外露预埋件按设计要求进行了防腐处理。

3. 混凝土构件制作

(1) **构件制作工序**

构件制作主要工序:模具就位组装→清理模具→涂脱模剂→有粗糙面要求的模具部位涂缓凝剂→钢筋骨架就位→灌浆套筒、浆锚孔内模、波纹管安装固定→预埋件就位→隐蔽验收→混凝土浇筑→蒸汽养护→脱模起吊堆放→对粗糙面部位冲洗掉水泥面层→脱模初检→修补→出厂检验→出厂运输。

(2) **夹心保温板制作**

夹心保温板的外叶板与内叶板不宜同一天浇筑。同一天浇筑非常有可能在外叶板开始初凝后,内叶板作业尚未完成,由此会扰动拉结件,使之锚固不牢,导致外叶板在脱模、安装或使用过程中脱落,形成安全隐患甚至事故。

4. 工厂车间与设施

预制构件工厂车间和设施包括:钢筋加工车间、混凝土搅拌站、构件制作车间、构件堆放场、表面处理车间、试验室、仓库等。其中钢筋加工车间、构件生产车间须布置门式起重机;构件堆放场须布置龙门吊。

5. 工厂主要工种

预制构件工厂主要工种包括:钢筋工、模具工、混凝土工、表面处理工、吊车工等。

4.1.1.2 构件制作工艺

预制混凝土构件制作工艺分为固定方式和流动方式两种。固定方式模具固定不动,包括固定模台工艺、独立模具工艺、集约式立模工艺等。流动方式是模具在流水线上移动,包括流动式集约组合立模工艺、流动模台工艺和自动化流水线工艺。图4.1-2给出了预制构件制作工艺一览。

不同的制作工艺适用范围不一样,优缺点各不相同,下面分别介绍。

1. 固定方式

1) 固定模台工艺

固定模台是用平整度较高的钢平台作为预制构件底模,在模台上固定构件侧模,组合成完整模具,见图4.1-1。固定模台工艺的模具固定不动,组模、放置钢筋与预埋件、浇筑振捣混凝土、养护构件和拆模都在固定模台上进行。钢筋骨架用吊车送到固定模台处;混凝土用送料车或送料吊斗送到固定模台处,蒸汽管道也通到固定模台下,就地覆盖养护,构件脱模

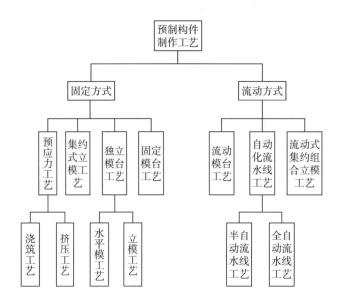

图4.1-2 常用预制构件制作工艺一览
（图片来源：作者自绘）

后被吊运到构件存放区。

固定模台工艺可以生产柱、梁、楼板、墙板、楼梯、飘窗、阳台板、转角构件等各类构件。它的优势是适用范围广、灵活方便、适应性强、启动资金较少、见效快。固定模台工艺是目前世界上装配式混凝土预制构件中应用最多的工艺。

2）独立模具工艺

独立模具是指带底模的模具，不用在模台上组模，包括水平独立模具和立式独立模具。独立模具的生产工艺流程与固定模台工艺一样。

（1）水平独立模具是"躺"着的模具，如制作梁、柱的U形模具。

（2）立式独立模具是"立"着的模具，如立着的柱子、T形板、楼梯等模具。立模工艺有占地面积小、构件表面光洁、可垂直脱模、不用翻转等优点。

3）集约式立模工艺

集约式立模是指多个构件并列组合在一起制作模具的工艺，可用来生产规格标准、形状规则、配筋简单且不出筋的板式构件，如轻质混凝土空心墙板、混凝土内墙板（图4.1-3）等。

2. 流动方式

流动方式包括流动模台工艺（图4.1-4）、自动化流水线工艺和流动式集约组合立模工艺，其中，前两者区别在于自动化程度。流动模台工艺自动化程度较低，自动化流水线工艺的自动化程度较高。

图4.1-3 集约式固定立模（内墙板生产用）
（图片来源：玛纳公司丨广东M09方孔陶粒墙板生产案例）

第四章 装配式建筑生产建造

图4.1-4 流动模台生产线
（图片来源：https://www.hbxdd.com/index.php/index/Details/index.html?id=344）

（1）流动模台工艺

目前国内的预制构件流水生产线属于流动模台工艺。

流动模台工艺是将标准订制的钢平台（一般为4m×9m）放置在滚轴上移动。先在组模区组模；然后移到钢筋入模区段，进行钢筋和预埋件入模作业；再移到浇筑振捣平台上进行混凝土浇筑；完成浇筑后模台下的平台开始震动，进行振捣；之后，模台移到养护窑养护；养护结束出窑后，移到脱模区脱模，构件或被吊起，或在翻转台翻转后吊起，最后运送到构件存放区。

目前，流动模台工艺在清理模具、画线、喷涂脱模剂、振捣、翻转环节实现或部分实现了自动化，但在最重要的模具组装、钢筋入模等环节没有实现自动化。

流动模台工艺只适宜生产板式构件。如果制作大批量同类型构件，可以提高生产效率节约能源、降低工人劳动强度。但生产不同类型构件，特别是出筋较多的构件时，没有以上优势。中国目前装配式建筑以剪力墙为主，构件一个边预留套筒或浆锚孔，三个边出筋，且出筋复杂，很难实现自动化。

（2）自动化流水线工艺

自动化流水线由混凝土成型流水线和自动钢筋加工流水线两部分组成，通过电脑编程软件控制，将这两部分设备自动衔接起来。实现了设计信息输入、模板自动清理、机械手画线、机械手组模、脱模剂自动喷涂、钢筋自动加工、钢筋机械手入模、混凝土自动浇筑、机械自动振捣、电脑控制自动养护、翻转机、机械手抓取边模入库等全部工序的自动完成，是真正意义上的自动化流水线。自动化流水线一般用来生产叠合楼板和双层叠合墙板以及不出筋的实心墙板。法国巴黎和德国慕尼黑各有一家预制构件工厂，采用智能化的全自动流水线，年产110万m^2叠合楼板和双层叠合墙板，流水线上只有6个工人作业。

新型装配式建筑设计与管理

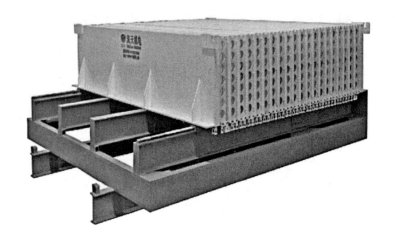

图4.1-5 流动式集约组合立模（内隔墙板生产用）
（图片来源：http://sdhtjdkj01.51sole.com/companyproductdetail_308670220.htm）

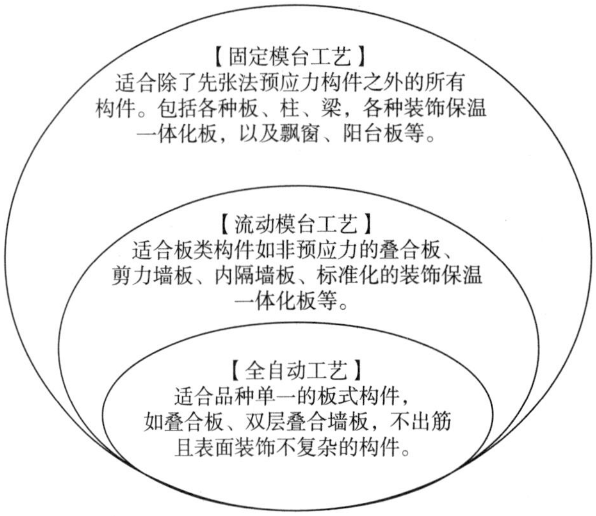

图4.1-6 制作工艺对常用预制构件的适用范围
（图片来源：作者自绘）

【固定模台工艺】
适合除了先张法预应力构件之外的所有构件。包括各种板、柱、梁，各种装饰保温一体化板，以及飘窗、阳台板等。

【流动模台工艺】
适合板类构件如非预应力的叠合板、剪力墙板、内隔墙板、标准化的装饰保温一体化板等。

【全自动工艺】
适合品种单一的板式构件，如叠合板、双层叠合墙板，不出筋且表面装饰不复杂的构件。

自动化流水线价格昂贵，适用范围非常窄，目前国内板式构件大都出筋，尚没有适用自动化流水线的构件。

（3）流动式集约组合立模工艺

流动式集约组合立模工艺主要生产内隔墙板。组合立模通过轨道被移送到各个工位，浇筑混凝土后入窑养护。流动式组合立模的主要优点是可以集中养护。

不同工艺对制作常用预制构件的适用范围可参考图4.1-6。

4.1.1.3 制作工艺的适宜性与经济性

1. 固定模台工艺与流动模台工艺比较

固定模台工艺与流动模台工艺是目前国内应用最多的工艺，表4.1-1给出了两者比较的情况。

表 4.1-1 固定模台工艺与流动模台工艺的适宜性比较

比较项目	固定模台工艺	流动模台工艺
可生产的构件	梁、叠合梁、莲藕梁、柱梁一体、柱、楼板、叠合楼板、内墙板、外墙板、T形板、L形板、曲面板、楼梯板、阳台板、飘窗、夹心保温墙板、后张法预应力梁、各种异形构件	楼板、叠合楼板、剪力墙内墙板、剪力墙外墙板、夹心保温墙板、阳台板、空调板等板式构件
10万 m^2 产能设备投资	800万~1200万元	3000万~5000万元
优点	①适用范围广。②可生产复杂构件。③生产安排机动灵活,限制较少。④投资少、见效快。⑤租用厂房就可以启动。⑥可用于工地临时工厂	①在放线、清理模台、喷脱模剂、振捣、翻转环节实现了自动化。②钢筋、模具和混凝土运输线路固定。③实现自动化的环节节约劳动力。④集中养护节约能源。⑤制作过程质量管控点固定,方便管理
缺点	①与流动模台相比同样产能占地面积要大出10%~15%。②可实现自动化的环节少。③生产同样构件,振捣、养护、脱模环节比流水线工艺用工多。④养护耗能高	①适用范围窄、仅适于板式构件。②投资较大。③制作不一样的构件,对效率影响较大。④不机动灵活。⑤一个环节出现问题会影响整个生产线运行。⑥生产量小的时候浪费能源。⑦不宜在租用厂房投资设置
适用范围	①产品定位范围广的工厂。②市场规模小的地区。③受投资规模限制的小型工厂。④没有条件马上征地的工厂	适合市场规模较大地区的板式构件

4.1.2 装配式混凝土建筑施工

4.1.2.1 装配式施工与现浇混凝土建筑的不同

装配式建筑与现浇混凝土建筑比较,施工环节的不同主要在于:

(1)必须与设计和制作环节密切协同。

(2)施工精度要求高,误差从厘米级变成毫米级。

(3)增加了部品部件安装环节;大幅度增加了起重吊装工作量。

(4)增加了关键的构件连接作业环节,包括套筒灌浆、浆锚搭接灌浆和后浇混凝土。

4.1.2.2 与设计和制作环节协同

1. 与设计方的协同

(1)在拆分设计前就应当向设计方提出施工安装对构件重量、尺寸的限制条件,提出翻转与安装吊点设置的要求,如非对称构件吊点设置必须保持重心平衡的要求等。

（2）施工阶段用的预埋件，如塔式起重机支撑点预埋件、后浇混凝土浇筑模板架立预埋件、安全设施架立预埋件等，需埋设到预制构件中。因此，在构件制作图设计前，施工单位应向设计方提出要求。

（3）在图样会审和设计交底阶段，从施工可能性、便利性角度提出要求。构件在工地存放，构件安装后临时支撑等，都需要设计方给出明确的设计图样和技术要求。有些小型构件使用捆绑式吊装，设计方需要给出捆绑位置，否则会因为捆绑不当造成吊装运输过程中的构件损坏。

（4）现场出现质量问题或无法施工的情况，须由设计方给出处理解决方案等。

2. 与制作方协同

（1）施工期受制于工厂，计划管理须延伸到工厂，要求工厂按安装计划进行生产；计划要详细周密定量，计划到天。对每层楼的构件都应确定装车顺序。

（2）构件进场检查受场地限制，特别是直接从车上吊装构件，检查时间也受限制，构件的一些检查验收项目需前移到工厂进行。

（3）对不合格品应有补救预案，并由工厂落实。

（4）对于存量少的构件要有备用构件。

（5）制定在施工过程中出现与工厂有关的质量问题的补救预案。

（6）制定各类问题或质量缺陷的协调解决机制。

4.1.2.3 现浇混凝土伸出钢筋的定位

现浇混凝土伸出的钢筋是否准确是施工中非常重要的环节，直接影响到结构的安全性和构件能否被顺利安装。保证伸出钢筋准确性的通常做法是使用钢筋定位模板（图4.1-7）。

4.1.2.4 构件吊装

（1）根据构件重量和安装幅度半径，选择和布置起重设备。

（2）设计吊索吊具。吊具有点式吊具、一字型吊具、平面吊具和特殊吊具（图4.1-8）。

（3）检查构件安装部位混凝土和准备吊装的构件的质量。

（4）水平构件吊装前架设支撑，竖直构件吊装后架设支撑（图4.1-8）。

（5）构件吊装前需放线，并做好标

图4.1-7　钢筋定位模板
（图片来源：https：//www.shangyexinzhi.com/article/4853023.html）

第四章　装配式建筑生产建造

图4.1-8　构件安装吊具
（图片来源：知乎）

　　a.吊钩　　　　　　b.可调式平衡梁吊具　　　　　　c.架式吊具

图4.1-9　构件安装临时支撑
（图片来源：河北积木装配式建筑科技有限公司）

　　a.水平构件（叠合楼板）支撑　　　　　　b.竖直构件（墙板）斜支撑

高调整。

（6）按照操作规程进行吊装，保证构件位置和垂直度的偏差在允许范围内。

（7）水平构件安装后，检查支撑体系受力状态，进行微调。

（8）竖直构件和没有横向支承的梁吊装后架立斜支撑，调节斜支撑长度保证构件垂直度。

（9）进行安装质量验收。

4.1.2.5　灌浆作业

灌浆作业是装配整体式混凝土结构施工重点中的重点，直接影响到结构安全。灌浆作业流程见图4.1-10。

下面对灌浆作业重点环节做简单介绍：

1. 剪力墙灌浆分仓

当预制剪力墙板灌浆距离超过3 m时，宜进行灌浆作业区分割，也就是"分仓"（图4.1-11）。分仓长度一般控制在1.0~3.0 m之间；分仓材料通常采用抗压强度为50 MPa的座浆料。坐浆分仓作业完成后，不得对构件及构件的临时支撑体系进行扰动，待24 h后，方可进行灌浆施工。

075

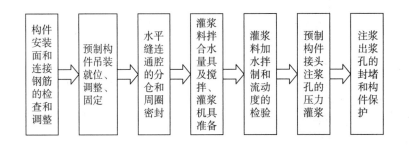

图4.1-10 灌浆作业流程
（图片来源：作者自绘）

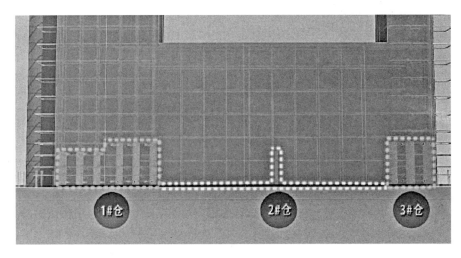

图4.1-11 剪力墙分仓示意图
（图片来源：https://www.163.com/dy/article/FGKF6P7J0538I2N2.html）

2. 密封接缝

接缝必须被严密封堵，保证灌浆作业时不漏浆，且不影响连接钢筋的保护层厚度。封缝方法有木条、座浆料、压密封条和充气胶条等（图4.1-12）。

3. 灌浆料搅拌

（1）使用正确的灌浆料，灌浆套筒与浆锚搭接的灌浆料不一样，避免用错。

（2）严格按规定的配合比和搅拌要求加水搅拌。

（3）达到要求的流动度才可进行灌浆作业。

（4）必须在灌浆料厂家给出的限定时间内完成灌浆。

4. 灌浆作业

（1）在正式灌浆前，逐个检查各接头灌浆孔和出浆孔内有无影响浆料流动的杂物，确保孔路畅通。

（2）用灌浆泵（枪）从接头下方的灌浆孔处向套筒内压力灌浆。

（3）灌浆浆料要在自加水搅拌开始 20~30 min 内灌完，全过程不宜压力过大。

图4.1-12 灌浆作业封缝示意图
（图片来源：https://www.sohu.com/a/511255975_121060177）

（4）同一仓只能在一个灌浆孔灌浆，不能同时从两个以上孔灌浆。

（5）同一仓应连续灌浆，不宜中途停顿。如中途停顿，再次灌浆时，应保证已灌入的浆料有足够的流动性后，还需要将已经封堵的出浆孔打开，待灌浆料再次流出后逐个封堵出浆孔。

（6）如果因封堵不密实导致漏气，有灌浆孔不出浆，此时严禁从该孔补灌浆料，必须用高压水将浆料全部冲洗，重新封堵后再次灌浆。

（7）灌浆作业需有备用设备和小型发电机。

4.1.2.6 外挂墙板安装

外挂墙板与主体结构的连接方式主要是螺栓连接，也有焊接连接的情况。外挂墙板安装需要注意的问题是避免将设计的柔性支座（即允许适当位移以避免结构变形影响的支座）固定过紧甚至焊死，变成固定支座。

4.2 装配式钢结构建筑

4.2.1 生产工艺分类

不同的装配式钢结构建筑，生产工艺、自动化程度和生产组织方式各不相同，大体上可以把装配式钢结构建筑的构件制作工艺分为以下几个类型：

（1）普通钢结构构件制作。即生产钢柱、钢梁、支撑、剪力墙板、桁架、钢结构配件等。

（2）压型钢板及其复合板制作。即生产压型钢板、钢筋桁架楼承板、压型钢板-保温复合墙板与屋面板等。

（3）网架结构构件制作。即生产平面或曲面网架结构的杆件和连接件。

（4）集成式低层钢结构建筑制作。即生产和集约钢结构在内的各个系统（建筑结构外围护、内装、设备管线系统的部品部件与零配件）。

（5）低层冷弯薄壁型钢建筑制作。即生产低层冷弯薄壁型钢建筑的结构系统与外围护系统部品部件。

4.2.2 普通钢结构构件制作工艺

1. 普通钢结构构件制作内容

（1）将型钢剪裁至设计长度，或将钢板剪裁成设计的形状、尺寸。

（2）将不够长的型钢焊接接长，或拼接钢板（如剪力墙板）。

（3）用钢板焊接成需要的构件（如 H 形柱、带肋的剪力墙板等）。

（4）用型钢焊接桁架或其他格构式构件。

（5）在钢构件上钻孔，包括构件连接用的螺栓孔，管线通过的预留孔。

（6）清理剪裁、钻孔毛边以及表面等不光滑处。

（7）除锈。

（8）进行防腐蚀处理。

2. 普通钢结构构件制作工艺

普通钢结构构件制作工艺包括：钢材除锈、型钢校直、画线、剪裁、矫正、钻孔、清边、组装、焊接及防腐蚀处理等，见图 4.2-1。

3. 普通钢结构构件制作主要设备

普通钢结构构件制作主要设备见表 4.2-1，图 4.2-2~图 4.2-5 为 H 型钢重钢生产设备。

表 4.2-1 普通钢结构构件制作主要设备

序号	设备名称	用途
1	数控火焰切割机	钢板切割
2	H 型钢矫正机	矫正
3	龙门式（双臂式）焊接机	焊接
4	H 型钢抛丸清理机	除锈
5	液压翻转支架	翻转
6	重型输送辊道	运输
7	重型移钢机	移动

第四章 装配式建筑生产建造

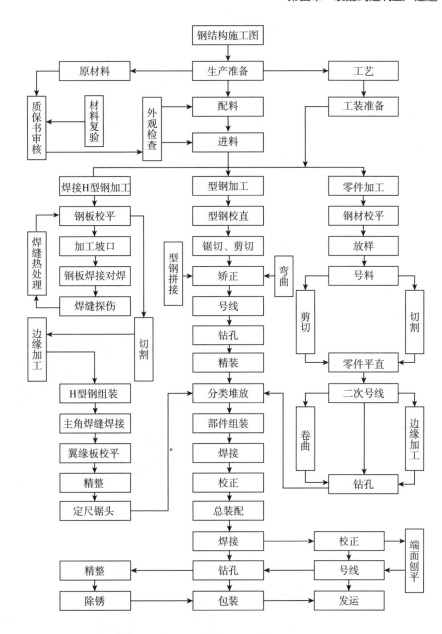

图4.2-1 钢结构工艺流程图
（图片来源：作者自绘）

图 4.2-2 数控火焰切割机
（图片来源：https://detail.1688.com/offer/604084817775.html）

图4.2-3 H型钢矫正
（图片来源：http://www.lszfsd.cn/photo_show.aspx?id=690）

图 4.2-2

图 4.2-3

079

图 4.2-4　　　　　　　　　图 4.2-5

图4.2-4　龙门式焊接机
（图片来源：百度图片）

图4.2-5　H型钢抛丸清理机
（图片来源：https://www.gys.cn/search/3435121.shtml）

4.2.3　其他制作工艺简述

压型钢板（图4.2-6）、复合板（图4.2-7）和钢筋桁架楼承板（图4.2-8）均采用自动化加工设备生产。

图 4.2-6　　　　　　　　　图 4.2-7

图4.2-6　压型钢板
（图片来源：https://meitan.51sole.com/b2c/b2cinformation_166215507.html）

图4.2-7　复合板
（图片来源：https://www.jdzj.com/jiage/3_67273384.html）

图4.2-8　钢筋桁架楼承板
（图片来源：https://yuli555888.b2b.huangye88.com/product_15089880.html）

4.2.4　钢结构构件运输

部品部件出厂前应进行包装，保障部品部件在运输及堆放过程中不破损、不变形。对超高、超宽、形状特殊的大型构件的运输和堆放应制定专门的方案。

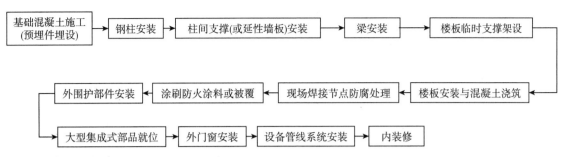

图4.2-9 高层钢框架—支撑结构住宅安装工艺流程
（图片来源：作者自绘）

选用的运输车辆应满足部品部件的尺寸、重量等要求，装卸与运输时应符合下列规定：

（1）装卸时应采取保证车体平衡的措施。

（2）应采取防止构件移动、倾倒、变形等的固定措施。

（3）运输时应采取防止部品部件损坏的措施，对构件边角部或链索接触处宜设置保护衬垫。

4.2.5 装配式钢结构建筑施工安装

4.2.5.1 装配式钢结构建筑施工安装概述

装配式钢结构建筑施工安装内容包括基础施工、钢结构主体结构安装、外围护结构安装、设备管线系统安装、集成式部品安装和内装修等。不同的钢结构建筑安装工艺也有所不同。下面举几个例子。

高层钢框架—支撑（或延性墙板）结构住宅安装工艺流程见图4.2-9。

4.2.5.2 施工组织设计技术要点

装配式钢结构建筑施工组织设计技术要点包括：

1. 起重设备设置

多层建筑、高层建筑一般设置塔式起重机；多层建筑也可用轮式起重机安装；单层工业厂房和低层建筑一般用轮式起重机安装。

工地塔式起重机选用时除了考虑钢结构构件重量、高度（有的跨层柱子较高）外，还应考虑其他部品部件的重量、尺寸与形状，如外围护预制混凝土墙板可能会比钢结构构件更重。

钢结构建筑构件较多，配置起重设备的数量一般比混凝土结构工程要多。图4.2-10为钢结构工地塔式起重机配置实例。

2. 吊具设计

对钢结构部件和其他系统部品部件进行吊点设计或设计复核。钢柱吊点设置在柱顶耳板处，吊点处使用板带绑扎出吊环，然后与吊机的钢丝绳

图4.2-10 钢结构建筑工地塔式起重机配置
（图片来源：中国基建报）

图4.2-11 钢柱吊装
（图片来源：百度图片）

图4.2-12 钢梁吊装
（2个吊点）
（图片来源：网易）

吊索连接。重量大的柱子一般设置 4 个吊点，断面小的柱子可设置 2 个吊点。钢柱吊装如图 4.2-11 所示。

钢梁边缘吊点距梁端距离不宜大于梁长的 1/4，吊点处使用板带绑扎出吊环，然后与吊机的钢丝绳吊索连接。钢梁一般可设置 2 个吊点（图4.2-12）。

3. 部品部件进场验收

对于大型构件，现场检查比较困难，应当把检查环节前置到出厂前进行，现场主要检查构件在运输过程中是否有损坏等。

4. 工地临时存放支撑设计

对构件临时存放的支撑方式、支撑点位置进行设计，避免因存放不当导致构件变形。

5. 基础施工要点

基础混凝土施工安装预埋件的准确定位是控制要点，应采用定位模板确保预埋件的位置在允许误差以内。图 4.2-13 是基础预埋螺栓图例。

第四章　装配式建筑生产建造

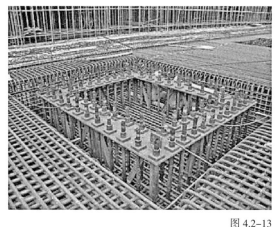

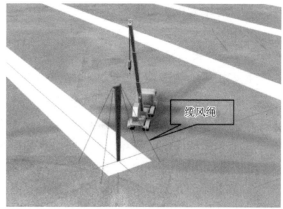

图 4.2-13

图 4.2-14

图4.2-13　钢结构建筑混凝土基础预埋螺栓
（图片来源：百度图片）

图4.2-14　钢柱安装固定
（图片来源：筑龙学社 | 昆明轨道交通首期工程车辆段与综合基地项目施工组织设计）

6. 安装顺序确定

钢结构应根据结构特点选择合理顺序进行安装，并应形成稳固的空间单元。

7. 临时支撑与临时固定措施

有的竖向构件安装后需要设置临时支撑（图4.2-14），以及组合楼板的安装也需要设置临时支撑，因此需提前进行临时支撑设计。

4.2.6　施工安装质量控制要点

施工安装过程质量控制要点包括：

（1）基础混凝土预埋安装螺栓锚固可靠，位置准确，安装时基础混凝土强度达到了允许安装的设计强度。

（2）保证构件安装标高精度、竖直构件（柱、板）的垂直度和水平构件的平整度符合设计和规范要求

（3）锚栓连接牢固，焊接连接按照设计要求施工。

（4）运输、安装过程的涂层损坏应采用可靠的方式补漆，达到设计要求。

（5）焊接节点防腐涂层补漆，达到设计要求。

（6）防火涂料或喷涂符合设计要求。

（7）设备管线系统和内装系统施工应避免破坏防腐、防火涂层等。

4.3　装配式木结构建筑

装配式木结构建筑的构件（组件和部品）大都在工厂生产线上预制，包括构件预制、板块式预制、模块化预制和移动木结构，下面分别介绍。

4.3.1 木结构构件制作

4.3.1.1 木结构预制构件制作简述

1. 生产线的优点

木结构预制构件生产线有以下优点：

（1）易于实现产品质量的统一管理，确保加工精度、施工质量及稳定性。

（2）由于构件可以统筹计划下料，从而提高了材料的利用率，减少了废料的产生。

（3）工厂预制完成后，现场直接吊装组合大大减少现场施工时间、现场施工受气候条件的影响和劳动力成本。

2. 构件预制

构件预制是指单个木结构构件工厂化制作，如梁、柱等构件和组成组件的基本单元构件，主要适用于普通木结构和胶合木结构。构件预制属于装配式木结构建筑的最基本方式，构件运输方便，并可根据客户具体要求实现个性化生产，但现场施工组装工作量大。

构件预制的加工设备大都采用先进的数控机床。目前，国内大部分木结构企业都引进了国外先进木结构加工设备和成熟技术，具备了一定的构件预制能力。

3. 板块式预制

板块式预制是将整栋建筑分解成几个板块，在工厂预制完成后运输到现场吊装组合而成。预制板块的大小根据建筑物体量、跨度、进深、结构形式和运输条件确定。一般而言，墙体、楼板和屋盖构成单独的板块。预制板块根据开口情况分为开放式和封闭式两种。

（1）开放式板块

开放式板块是指墙面没有封闭的板块，保持一面或双面外露。便于后续各板块之间的现场组装、设备与管线系统的安装，以及现场质量检查。

开放式板块集成了结构层、保温层、防潮层、防水层、外围护墙板和内墙板。一般外露板块的外侧是完工表面，内侧墙板未安装。

（2）封闭式板块

封闭式板块内外侧均为完工表面，且完成了设施布线和安装，仅各板块连接部分保持开放。这种建造技术主要适用于轻型木结构建筑，可以大大缩短施工工期。板块式木结构技术既充分利用了工厂预制的优点，又便于运输，包括长距离海运。例如，有些欧洲国家为降低建造成本，在中国木结构工厂加工板块，用集装箱运回欧洲，在工地现场安装。

4. 模块化预制

模块化预制可用于建造单层或多层木结构建筑。单层建筑的木结构系统一般由2~3个模块组成，两层建筑木结构系统由4~5个模块组成。模块化木结构会设置临时钢结构支承体系以满足运输、吊装的强度与刚度要求，吊装完成后撤除。模块化木结构最大化地实现了工厂预制，又可实现自由组合，在欧美发达国家得到了广泛应用。在国内还处于探索阶段，是装配式木结构建筑发展的重要方向。

5. 移动木结构

移动木结构是整座房子完全在工厂预制装配的木结构建筑，不仅完成了所有结构工程，还完成了所有内外装修；管道、电气、机械系统和厨卫家具都安装到位。房屋被运输到建筑现场，吊装安放在预先建造好的基础上，接上水、电和煤气后，就可以入住。由于道路运输问题，目前移动木结构还仅局限于单层小户型住宅和旅游景区小体量景观房屋。

4.3.1.2 制作工艺与生产线

图4.3-1 木结构构件制作车间
（图片来源：https://www.sohu.com/a/404632645_565947）

木结构构件制作车间见图4.3-1。下面以轻型木结构墙体预制为例，介绍一下木结构构件制作工艺流程。

首先对规格材进行切割；然后进行小型框架构件组合；墙体整体框架组合；安装结构覆面板；在多功能工作桥上进行钉卯、切割；为门、窗的位置开孔；翻转墙体敷设保温材料，以及蒸汽阻隔、石膏板等；进行门、窗安装。

4.3.1.3 制作要点

（1）预制木结构组件应按设计文件制作，制作工厂除了具备相应的生产场地和生产工艺设备外，应有完善的质量管理体系和试验检测手段，且应建立组件制作档案。

（2）制作前应制定制作方案，包括：制作工艺要求、制作计划、技术质量控制措施、成品保护、堆放及运输方案等。对技术要求和质量标准进行技术交底与专项培训。

（3）制作过程中宜控制制作及储存环境的温度、湿度。木材含水率应符合设计文件的规定。

（4）预制木结构组件和部品在制作、运输和储存过程中，应采取防水防潮、防火、防虫和防止损坏的保护措施。

（5）每种构件的首件需进行全面检查，符合设计与规范要求后再进行批量生产。

（6）宜采用BIM信息化模型校正和组件预拼装。

（7）对有饰面材料的组件，制作前应绘制排版图，制作完成后应在工厂进行预拼装。

4.3.1.4 构件验收

木结构预制构件验收包括原材料验收、配件验收和构件出厂验收。除了按木结构工程现行国家标准验收并提供文件与记录外，还应提供下列文件和记录：

（1）工程设计文件，包括深化设计文件。

（2）预制组件制作和安装的技术文件。

（3）预制组件使用的主要材料、配件及其他相关材料的质量证明文件、进场验收记录抽样复验报告。

（4）预制组件的预拼装记录。预制木结构组件制作误差应符合现行国家标准的规定。

（5）预制正交胶合木构件的厚度宜小于 500 mm，且制作误差应符合表 4.3-1 的规定。

（6）预制木结构组件检验合格后应设置标识，标识内容宜包括产品代码或编号、制作日期、合格状态、生产单位等信息。

表 4.3-1 正交胶合木构件尺寸偏差表

类别	允许偏差
厚度 h	不大于 ±1.6 mm 与 0.02 h 两者之间的较大值
宽度 b	≤ 3.2 mm
长度 L	≤ 6.4 mm

4.3.2 运输与储存

1. 运输

木结构组件和部品运输需符合以下要求。

（1）制定装车固定、堆放支垫和成品保护方案。

（2）采取措施防止运输过程中组件移动、倾倒和变形。

（3）存储设施和包装运输应采取使木材达到要求含水率的措施，并应有保护层包装，对边角部宜设置保护衬垫。

（4）预制木结构组件水平运输时，应将组件整齐地堆放在车厢内。梁、柱等预制木组件可分层隔开堆放，上、下分隔层垫块应竖向对齐，悬臂长度不宜大于组件长度的 1/4。板材和规格材应纵向平行堆垛、顶部压重存放。

（5）预制木桁架整体水平运输时，宜竖向放置，支撑点应设在桁架两端节点支座下，弦杆的其他位置不得有支撑物；在上弦中央节点处的两侧应设置斜撑，应与车厢牢固连接；应按桁架的跨度大小设置若干对斜撑。数榀桁架并排竖向放置运输时，应在上弦节点处用绳索将各桁架彼此系牢。

（6）预制木结构墙体宜采用直立插放架运输和储存，插放架应有足够的承载力和刚度，且支垫应稳固。

2. 储存

预制木结构组件的储存应符合下列规定。

（1）组件应存放在通风良好的仓库或防雨、通风良好的有顶场所内，堆放场地应平整、坚实，并应具备良好的排水设施。

（2）施工现场堆放的组件，宜按安装顺序分类堆放，宜布置在起重机工作范围内且不受其他工序施工作业影响的区域。

（3）采用叠层平放的方式堆放时，应采取防止组件变形的措施。

（4）吊件应朝上，标志宜朝向堆垛间的通道。

（5）支垫应坚实，垫块在组件下的位置宜与起吊位置一致。

（6）重叠堆放组件时，每层组件间的垫块应上下对齐，堆层数应按组件、垫块的承载力确定，并应采取防止堆垛倾覆的措施。

（7）采用靠架堆放时，靠架应具有足够的承载力和刚度，与地面倾斜角度宜大于80°。

（8）堆放曲线形组件时，应按组件形状采取相应的保护措施。

（9）对在现场不能及时进行安装的建筑模块，应采取保护措施。

4.3.3 木结构安装施工与验收

1. 安装准备

装配式木结构构件安装准备工作包括：

1）装配式木结构施工前应编制施工组织设计方案。

2）安装人员应培训合格后上岗，特别是起重机司机与起重工的培训。

3）起重设备、吊索吊具的配置与设计。

4）吊装验算。构件搬运、装卸时，动力系数取1.2；构件吊运时动力系数可取1.5；当有可靠经验时，动力系数可根据实际受力情况和安全要求适当增减。

5）临时堆放与组装场地准备，或在楼层平面进行上一楼层的部品组装。

6）对于安装工序要求复杂的组件，宜选择有代表性的单元进行试安装，并根据试安装结果，对施工方案进行调整。

7）施工安装前，应检验以下内容。

（1）混凝土基础部分是否满足木结构施工安装精度要求。

（2）安装用的材料及配件是否符合国家标准及规范要求。

（3）预制构件外观质量、尺寸偏差、材料强度和预留连接位置是否规范等。

（4）连接件及其他配件的型号、数量和位置。

（5）预留管线、线盒等的规格、数量、位置及固定措施等。

以上检验若不合格，不得进行安装。

8）测量放线等。

2. 安装要点

1）吊点设计

吊点设计由设计方给出，应符合以下要求：

（1）对于已拼装构件，应根据结构形式和跨度确定吊点。施工方需进行试吊，证明结构具有足够的刚度后方可开始吊装。

（2）杆件吊装宜采用两点吊装，长度较大的构件可采取多点吊装。

（3）长细杆件应复核吊装过程中的变形及平面外稳定；板件类、模块化构件应采用多点吊装，组件上应有明显的吊点标示。

2）吊装要求

（1）对刚度差的构件，应根据其在提升时的受力情况用附加构件进行加固。

（2）吊装过程应平稳，构件吊装就位时，应使其拼装部位对准预设部位垂直落下。

（3）正交胶合木墙板吊装时，宜采用专用吊绳和固定装置，移动时采用锁扣扣紧。

（4）竖向组件和部件安装应符合下列规定。

a. 底层构件安装前，应复核结合面标高，并安装防潮垫或采取其他防潮措施。

b. 其他层构件安装前，应复核已安装构件的轴线位置、标高。

c. 柱的安装应先调整标高，再调整水平位移，最后调整垂直偏差，柱的标高、位移垂直偏差应符合设计要求。调整柱垂直度的缆风绳或支撑夹板，应在柱起吊前在地面绑扎好。

d. 校正构件安装轴线位置后，初步校正构件垂直度并紧固连接节点，同时采取临时固定措施。

（5）水平组件安装应复核支撑位置连接件的坐标，与金属、砖、石、混凝土等的结合部位采取相应的防潮防腐措施。

（6）安装柱与柱之间的主梁构件时，应对柱的垂直度进行检测。除检测梁两端柱子垂直度变化外，还应检测相邻各柱因梁连接影响而产生的垂直度变化。

（7）桁架可逐榀吊装就位，或多榀桁架按间距要求在地面用永久性或临时支撑组合成数榀后一起吊装。

3）临时支撑

（1）构件安装后应设置防止失稳或倾覆的临时支撑。可通过临时支撑对构件的位置和垂直度进行微调。

第四章 装配式建筑生产建造

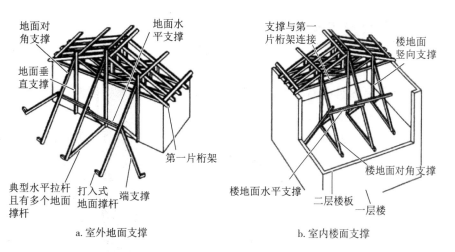

图4.3-2 屋面桁架的临时支撑
（图片来源：郭学明《装配式建筑概论》）

（2）水平构件支撑不宜少于2道。

（3）预制柱、墙的支撑，其支撑点距底部的距离不宜小于柱、墙高度的2/3，且不应小于柱、墙高度的1/2。

（4）吊装就位的桁架，应设临时支撑保证其安全和垂直度。当采用逐榀吊装时，第一榀桁架的临时支撑应有足够的能力防止后续桁架的倾覆，位置应与被支撑桁架的上弦杆的水平支撑点一致，支撑的一端应可靠地锚固在地面（图4.3-2a）或内侧楼板上（图4.3-2b）

4）连接施工

（1）螺栓应安装在预先钻好的孔中。孔不能太小或太大，如果孔洞太小时，要对木构件重新钻孔，会导致木构件的开裂，而这种开裂极大地降低螺栓的抗剪承载力。相反，如果孔洞太大，销槽内会产生不均匀压力。一般来说，预钻孔的直径比螺栓直径大 0.8~1.0 mm。同时，螺栓的直径不宜超过 25 mm。

（2）螺栓连接中力的传递依赖于孔壁的挤压，因此连接件与被连接件上的螺栓孔必须同心。

（3）预留多个螺栓钻孔时宜将被连接构件临时固定后，一次贯通施钻。安装螺栓时应拧紧，确保各连接构件紧密接触，但拧紧时不得将金属垫板嵌入胶合木构件中。

（4）螺栓连接中，垫板尺寸仅需满足构造要求，无须验算木材横纹的局部承载力。

5）其他要求

（1）现场安装时，未经设计允许不得对预制木构件进行切割、开洞等影响预制木构件完整性的行为。

（2）装配式木结构现场安装全过程中，应采取防止预制木构件及建筑附件、吊件等破损、遗失或污染的措施。

4.3.4 防火施工要点

木构件防火涂层施工可在木结构工程安装完成后进行。木材含水率不应大于15%，构件表面应清洁，应无油性物质污染，木构件表面喷涂层应均匀，不应有遗漏，厚度应符合设计规定。

防火墙设置和构造应按设计规定施工，砖砌防火墙厚度和烟道、烟囱壁厚度不应小于240 mm，金属烟囱应外包厚度不小于70 mm的矿棉保护层或耐火极限不低于1.00 h的防火板覆盖。烟囱与木构件间的净距不应小于120 mm，且应有良好的通风条件。烟囱出楼屋面时，其间隙应用不燃材料封闭。砌体砌筑时砂浆应饱满，清水墙应仔细勾缝。

楼盖、楼梯、顶棚以及墙体内最小边长超过25 mm的空腔，其贯通的竖向高度超过3 m，或贯通的水平长度超过20 m时，均应设置防火隔断。天花板、屋顶空间，以及未占用的阁楼空间所形成的隐蔽空间面积超过300 m^2，或长边长度超过20 m时，均应设置防火隔断，并应分隔成面积不超过300 m^{2}且长边长度不超过20 m的隐蔽空间。

木结构房屋室内装饰、电器设备的安装等工程，应符合现行国家标准《建筑内部装修设计防火规范》（GB 50222—2017）的有关规定。木结构房屋火灾的引发，往往由其他工种施工的防火缺失所致，故房屋装修也应满足相应的防火规范要求。

4.4 其他装配式组合结构建筑

4.4.1 分类

装配式组合结构建筑按预制构件材料组合分类有：

1. 混凝土 + 钢结构

结构系统及外围护结构系统由混凝土预制构件和钢结构构件装配而成。

2. 混凝土 + 木结构

结构系统及外围护结构系统由混凝土预制构件和木结构构件装配而成。

3. 钢结构 + 木结构

结构系统及外围护结构系统由钢结构构件和木结构构件装配而成。

4. 其他结构组合

结构系统或外围护结构系统由其他材料预制构件组合而成。例如日本建筑师坂茂设计的新西兰基督城纸板结构教堂，是纸管结构与集装箱组合的建筑。

4.4.2 装配式组合结构的优点与缺点

1. 装配式组合结构的优点

设计师之所以选用装配式组合结构,是要获得单一材料装配式结构无法实现的某些功能或效果。装配式组合结构给了设计师更灵活的选择性。所以,装配式组合结构具有"先天性"的优点,建筑师和结构工程师在选用时就赋予了它特殊的使命。装配式组合结构具备的优点如下:

(1)可以更好地实现建筑功能

例如,装配式混凝土建筑采用钢结构屋盖,可以获得大跨度无柱空间。再如,钢结构建筑采用预制混凝土夹心保温外挂墙板,可以方便地实现外围护系统建筑、围护及保温等功能的一体化。

(2)可以更好地实现艺术表达

例如,木结构与钢结构或混凝土结构组合的装配式建筑,可以集合两者(或三者)优势,获得更好的建筑艺术效果。

(3)可以使结构优化

例如,希望重量轻、抗弯性能好的地方使用钢结构或木结构构件;希望抗压性能好或减少层间位移的地方就使用混凝土预制构件等。

(4)可以使施工更便利

例如,装配式混凝土筒体结构,其核心区柱子为钢柱,施工时作为塔式起重机的基座,随层升高,非常便利。

2. 装配式组合结构的缺点或局限性

(1)结构计算复杂,有的装配式组合结构没有现成的计算模型和计算软件对应。

(2)不同材料构件的连接设计缺少标准支持。

(3)制作和施工安装需要更紧密的协同。

(4)对施工管理要求高。

4.5 本章小结

本章内容主要围绕几种主要的装配式建筑生产建造方式展开详细阐述,包括装配式预制混凝土结构建筑、装配式钢结构建筑、装配式木结构建筑以及其他装配式组合结构建筑。

通过对这些不同类型装配式建筑生产建造流程的细致介绍,我们逐一剖析了从构件生成到施工现场安装的各个环节。装配式建筑的核心特点在于,它是以构件为基本单元,在工厂进行精确加工后,再运输至施工现场进行组装安装。这一建造模式与传统的现浇混凝土结构建筑有着显著的区别,体现了现代化、工业化的建筑生产方式。

通过本章的介绍，我们希望能够帮助读者全面认识装配式建筑生产建造方式，并深入理解其优势与特点，为推动建筑行业的转型升级和可持续发展贡献力量。

参考文献

［1］郭学明.装配式建筑概论［M］.北京：机械工业出版社，2018.

［2］陈群，蔡彬清，林平.装配式建筑概论［M］.北京：中国建筑工业出版社，2017.

［3］张宏，朱宏宇，吴京，等.构件成型·定位·连接与空间和形式生成：新型建筑工业化设计与建造示例［M］.南京：东南大学出版社，2016.

［4］刘东卫.装配式建筑系统集成与设计建造方法［M］.北京：中国建筑工业出版社，2020.

［5］中华人民共和国住房和城乡建设部.民用建筑设计统一标准：GB 50352—2019［S］.北京：中国建筑工业出版社，2019.

［6］中华人民共和国住房和城乡建设部.建筑防火通用规范：GB 55037—2022［S］.北京：中国计划出版社，2022.

［7］中华人民共和国住房和城乡建设部.装配式混凝土结构技术规程：JGJ 1—2014［S］.北京：中国建筑工业出版社，2014.

［8］中华人民共和国住房和城乡建设部，国家质量监督检验检疫总局.木结构工程施工质量验收规范：GB 50206—2012［S］.北京：中国建筑工业出版社，2012.

［9］中华人民共和国住房和城乡建设部.钢结构工程施工质量验收标准：GB 50205—2020［S］.北京：中国计划出版社，2020.

第五章 装配式建筑的运维管理

5.1 装配式建筑的运行维护

建筑工业化的发展使得住宅的建造方式发生了重大转变。工业化住宅建筑可为用户提供灵活可变的住宅使用空间，并可以有效提升用户在使用过程中维护更新的便利性，这对延长住宅的使用寿命以及提升居住品质等方面意义重大。从可持续发展角度来看，工业化住宅的上述优势尤为重要。传统建筑业由于长期以来的粗放式生产，以至我国住宅产业化和劳动生产率均处于低端发展水平，与节能减排降耗及构建资源节约型、环境友好型社会的要求还有很大差距。因此，建设具有"长寿命、性能优良、绿色低碳"等优点的百年住宅，不仅是行业转型升级、提升质量的迫切需要，也是我国解决房地产业面临的资源环境压力的必由之路。

建筑的维护更新是一个既古老而又崭新的课题。对于传统现浇建筑来说，其修缮扩建包括拆除、重建，都是自古就有的建设行为。而对于工业化背景下装配式建筑的维护更新，由于其建筑构件大都是部品化工厂生产，现场装配化施工建造，这一建设行为在技术和功能方面具有新的内涵，故这又是一个新的课题。

"装配式建筑可维护更新"一词是将可维护更新行为限定于装配式建筑，即对装配式建筑可采用现代工程技术予以修复更新。抛开体系框架而单就其狭义的物质层面而言，"装配式建筑维护更新"泛指一系列的住宅管理和整治行为，包括：维修、修复、改造、改建、扩建、重建等等。若对其进一步延伸，建筑可维护更新的目的不仅在于延长建筑产品的使用寿命，还在于通过建筑的可维护更新，提升建筑产品的质量和性能保障，以进一步适应更广泛的社会需求。我们认为，后者对促进建筑工业化发展可能会起到更大的作用。

随着现代科学技术的高速发展，很多人把对科学技术的追求放到至关重要的地位。但从我国改革开放的实践来看，很多企业或产业发展不好，致命的因素是疏于管理或管理不当。装配式建筑在国外已经发展多年，且已被证明具有较大优势，但这种优势是建立在有效管理的基础上才能充分体现出来的。

1. 有效的管理为行业良性发展保驾护航

1）从政府管理角度，应制定适合装配式发展的政策措施，并贯彻落实到位。

（1）推动主体结构装配与全装修同步实施

我国目前的商品房大部分还是毛坯房交付，而装配式建筑发展如果只是建筑主体结构装配，不同时推动全装修，那么装配式建筑如节省工期、提升质量等优势就不能完全体现出来。

（2）推进管线分离、同层排水的应用

管线分离、同层排水等延长建筑寿命、提升建筑品质的措施，如果没有政府在制度层面的设计和实施，也无法真正得到有效推广。

（3）建立适应装配式建筑的质量安全监管模式

政府应牵头加大对装配式建筑建设过程的质量和安全的管理，如果还是采用原始的现浇模式的管理办法，没有设计配套适合装配式建筑的管理模式，装配式建筑将得不到有效管理，将制约装配式建筑的健康发展。

（4）推动工程总承包模式

工程总承包模式的应用对装配式建筑发展十分有利，如果政府没有这方面的制度设计和管理措施，将极大制约装配式建筑的进一步发展。基于以上种种原因，我们不难看出，政府管理对装配式建筑发展起到了十分重要的作用。

2）从企业管理角度，与装配式建筑关系紧密的各相关方都需要良好的管理。

（1）甲方是推动装配式建筑发展和管理的总牵头单位，是否采用工程总承包模式，是否能够有效整合协调设计、施工、部品部件生产企业等，都是直接关系装配式项目能否较好完成的关键因素，甲方的管理方式和能力起到决定性作用。

（2）对于设计单位，是否充分考虑了组成装配式建筑的部品部件的生产、运输、施工等便利性因素，这些都是决定项目能否顺利实施的重要因素。

（3）对于施工单位，是否科学设计了项目的实施方案，比如塔式起重机的布置、吊装班组的安排、部品部件运输车辆的调度等，对于项目施工是否省工、省力都有重要关系。同样，监理和生产等企业的管理，都会在各自的领域中发挥着重要的作用。

2. 有效的管理保障各项技术措施的实施

装配式建筑实施过程中生产、运输、施工等环节都需要得到有效的管理保障，也只有有效的管理才能保证各项技术措施的有效实施。比如，装配式建筑的核心是连接，连接的好坏直接关系着结构的安全，但即便有了高质量的连接材料和可靠的连接技术,如果缺失有效的管理,操作工人没有意识到或者根本不知道连接的重要性,往往会给装配式建筑带来灾难性的后果。事实证明,对装配式建筑进行科学的管理十分重要,甚至比技术更重要。

这个阶段是装配式建筑工程及工程系统在整个生命历程中较为漫长的阶段之一,是满足其消费者用途的阶段。此阶段往往持续几十年甚至上百年,物质、信息和能量的输入、输出虽然强度不大,但是由于时间漫长,仍然占据全寿命周期很大比重。

在物业管理中,RFID 在设施管理、门禁系统方面应用得很多,如在各种管线的阀门上安装电子标签,标签中存有该阀门的相关信息,如维修次数、最后维护时间等,工作人员可以使用阅读器很方便的寻找到相关设施的位置,每次对设施进行相关操作后将相应的记录写入 RFID 标签中,同时将这些信息存储到集成 BIM 的物业管理系统中,这样就可以对建筑物中各种设施的运行状况有直观的了解。以往时有发生的水管破裂找不到最近的阀门、电梯没有及时更换部件造成坠落等各种问题都会得以解决。

5.2 装配式建筑的信息化管理

BIM 技术是一种计算机信息技术。当前 BIM 技术在整个建筑工程领域,包括建筑工业化领域都得到了广泛应用。本章根据工业化住宅可维护更新关键技术,以 BIM 软件为载体,并根据"构件法"基本思想,从协同设计、计算机编码技术,以及构件信息跟踪反馈技术等方面,着重研究运用 BIM 信息化技术实现工业化住宅产品的可维护更新及其在产业化运作方面的具体应用,最终建立了以 BIM 为载体的可用于工业化住宅维护更新的技术应用系统。

BIM 是英文 Building Information Modeling 的缩写,翻译成中文就是"建筑信息模型"。美国国家 BIM 标准对 BIM 的定义为"BIM 是一个设施(建设项目)物理和功能特性的数字表达;BIM 是一个共享的知识资源,是一个分享有关这个设施的信息,为该设施从概念到拆除的全生命周期中的所有决策提供可靠依据的过程;在项目不同阶段,不同利益相关方通过在 BIM 中插入、提取、更新和修改信息,以支持和反映其各自职责的协同作业。"

由此可知,不能简单地将 BIM 理解为单一的软件,而应将其看成是将建筑相关的各个阶段、各个行业组织成为一个整体的建筑过程。BIM 的出现,极大地提高了建筑业的工作效率,使得不必要的物质和时间消耗被避免,因此是未来建筑业的发展趋势。对于 BIM 的研究和应用,美国现处于领先地位,有统计数据表明,早在 2009 年,美国建筑业 300 强企业中80%以上都应用了BIM技术。至2017年，这项数据已接近90%。

我国在BIM技术的应用方面已取得长足进展，其主要是在比较复杂的公建项目建设与管理中得到应用，在普通住宅中应用实例还不多见。在BIM的运行环境中，建筑设计过程具有极强的互动性，建筑师、业主和开发商都可以参与项目设计。BIM技术应用于工业化住宅建设最具优势的特点是，它能够为用户与建筑师的沟通提供一个很好的平台，使开放建筑（Open Building，OB）的功能特性得到更好的发挥。

1. 支持多方参与的开放性

BIM技术具有支持多方参与的开放性，而这正是工业化住宅设计过程所尽力追求的。可以说，BIM技术与工业化住宅的设计过程在某种意义上具有共通之处。有了BIM作为平台，用户就可以主动参与工业化住宅填充体部分的设计，拓展了开放式建筑空间。在BIM的工作环境中，BIM技术可使各行业之间的协作沟通更加有效，工程项目的设计过程更加开放。这种开放性质对工业化住宅的维护更新具有重要意义。

2. 基于网络平台的共享性

BIM技术按共享程度的不同，可以分为三种工作方法：单机工作方法、局域网工作方法、互联网工作方法。也就是说BIM模型可以在一台电脑上由一个人操作，也可以通过局域网共享到整个工作小组，或者通过互联网共享给更多的人，共享程度越高，BIM技术越成熟。

以往用户很难参与自己的住宅设计，这是因为建筑师不可能与每个用户都进行沟通，开发商也只能根据户型的畅销度或做市场调查来了解大部分用户的意愿，这也不可能满足每个用户的需求。对于工业化住宅，BIM技术可使开放建筑中的用户参与功能得到进一步拓展。如果能将工业化住宅的支撑体住户模型共享到互联网上，用户不仅可与建筑师或开发商进行面对面沟通，甚至还能随时打开网页进行设计，再将设计结果反馈给开发商，开发商即可充分参照用户的意愿进行下一步工序。这种基于网络平台的BIM技术，不仅便捷通达，还能在保证内装质量的前提下最大程度地满足用户个性化需求。

3. 参与权限的可控性

在BIM的工作环境中，各专业的设计人员对BIM模型信息的添加和修改权限仅限于本专业，其他专业的模型信息只能作为参考，不能随意修改。各专业在配合设计时，可以将带有本专业信息的BIM模型通过局域网进行共享，其他专业设计人员可下载该模型作为他们设计的参考底图，但对其没有修改权。利用BIM的这种特性，就可以将工业化住宅支撑体的BIM模型共享到互联网上，作为用户在填充体部分设计时的参考，对于支撑体部分用户则没有修改权限。通过BIM技术的这种特性，就可以将用户的参与权利进行限定，在用户参与设计过程中，不损坏原支撑体结构模型。

4. BIM 模型可携带大量信息

从 BIM 的英文含义可以看出，BIM 模型可以携带大量信息。在项目进行过程中，不同参与方可以在模型中插入、抽取、更新或修改相关信息，完成协同作业。同样，用户也可以在模型中插入他们需要传送的信息。如果能够利用互联网建立一个建材装修部品模型库，每种部品模型都能够携带相关信息，用户就可以在这个部品模型库中挑选自己想要的部品模型，然后将相关信息插入 BIM 模型中，即可轻松地参与住宅设计。用户还可以通过 BIM 整合所需的信息，所有部品的单价、总价、经销商等都可以列在一份内装部品清单中，以帮助用户做财务预算，并可随时调整。

5. 三维模型的可视化

以往建筑图纸只能是二维的，除了专业人员，其他人很难看明白较为复杂的施工图。BIM 模型则可以在二维与三维图纸之间转化，对于非专业人士，三维模型可以帮助他们更直观地了解项目的基本情况，有助于不同专业人群之间的互相沟通。用户可以通过专门的软件，在 BIM 的三维模型中进行设计。当用户设计完成后，可以通过三维模型直观地看到装修后的效果，如果有不满意的地方，可以随时进行调整。通过对三维模型的操作，不仅可以使用户参与住宅设计变得直观、易操作，还可以极大地提高用户的参与热情。

6. 可出图性

利用 BIM 的可出图性，用户设计的工业化住宅填充体部分可以转化为二维图纸，再经过专业人员的完善，该图纸便可以在实际工程中指导施工。BIM 技术使得用户即使不具备任何建筑专业知识，也能进行自主设计。BIM 技术除了可绘制平、立、剖面图以外，还可以根据用户设计的方案来确定各管线的位置，这就有可能使复杂的管线施工图纸设计变得相对简单，并可以指导开发商采购。

根据工业化住宅的装配化施工特点，对于工业化住宅的维护更新，可以在三个方面运用 BIM 技术：一是协同设计模式；二是计算机编码技术；三是构件信息跟踪反馈技术。

5.3 装配式建筑的更新改造

21 纪以来，我国建筑在可持续发展理念指导下更新改造，坚持"更新"与"保护"并重的当代中国建筑更新发展理念，不仅对具有历史文化价值的建筑文物以及产业类建筑加大了更新改造力度，也从提高居住条件的角度开展了住宅类建筑的更新改造。这一时期出现了一批较成功的更新改造成果，如北京广建宾馆改扩建、北京 798 艺术区改造、青岛市李沧区筒子楼更新改造、天津市吴家窑春光小区更新改造、中国铁道建筑总公司 18 号楼更新改造等等。

随着近年来人民大众生活水平的不断提升，人们对改善居住条件、提升住宅功能和舒适度的要求也在不断提高，这是人们改善生活条件的客观需求。人们对较高住房条件的需求，除了市场交易有限的调节功能外，是不是都能依靠新建住房来满足呢？对于资源相对匮乏的我国，这样做显然不现实。于是，人们自然将目光投向住宅建筑的维护更新方面，以此提升居住条件。特别是我国现阶段对很多文化类、产业类古旧建筑，以及旧居住区建筑具有十分成功的更新改造经验，促使人们对建筑物的改造热情随即向房屋住宅方向转移。这种以提升自身居住条件为目的的对房屋建筑的维护更新需求，必将随人民生活水平的不断提升而进一步加大。

与传统住宅比较，正是工业化建设的部品化生产以及集成装配技术，才使得住宅产品在日后运营过程中的维护更新成为可能，工业化住宅的可维护更新性质是保证工业化住宅使用寿命与品质，实现"百年住宅"要求的必要保证。对于传统居住类建筑的更新改造，无论是国外更新改造案例，或是国内这类案例，其更新改造共同的显著特点都是工程量浩大，相当于大部分拆除重建或部分拆除加建。这种以资源消耗为特征的传统住宅建筑的更新改造不仅不符合百年住宅系统的要求，更不能应对大范围的社会需求。工业化住宅产品的标准化设计、构配件的工厂化生产，以及装配式施工等现代建造技术为这类建筑的维护更新提供了可行性，也为维护更新的资源节约化提供了可能。

现代工业化住宅一直以SI（SI-Building）住宅建设为主。各国SI住宅体系的发展各有千秋，发达国家以荷兰和日本为代表。但就以部品化建造为核心的SI住宅的维护更新情况来看，目前这方面的研究仍属于空白，一般还是根据住宅的使用情况被动进行维护更新，缺乏前期主动的技术设计研究。本章将根据西方各国，主要是SI住宅建设发达国家如荷兰、日本的发展状况，针对具有代表性的优秀案例，结合其建造情况，挖掘其可维护更新性质并进行专门探讨和研究。还对我国CSI（China Skeleton Infill）住宅案例的建造技术及发展优势进行了深入研究，特别是对其可维护更新的技术设计方法进行了详细探讨和整理阐述。

SI住宅体系是由工业化建筑支撑体理论（Stiching Architeeten Research, SAR）发展而来的一种住宅体系。支撑体理论发端于西方"第一代建筑工业化"的发展过程。第二次世界大战结束后，西方各国利用工业化生产方式建成了一大批设计风格类似的住宅建筑，暂时解决了居住问题。但这些工业化住宅的粗糙质量以及乏味的外观立面逐渐被嫌弃，人们开始关注建筑环境对人们的行为、心理、生活方式及社会活动的影响。为寻求能够满足居民多样化和人性化的居住需求，并在建造方面追求规格化、体系化，在这种情况下，支撑体理论应运而生。支撑体理论可以追溯到20世纪60

年代,其核心概念就是将住宅建设分成"支撑体"和"填充体",分别进行设计和建造。该理论是荷兰知名理论家、建筑师约翰·哈布瑞肯教授(J.N.Habraken)在荷兰建筑师协会上首次提出的。SI住宅也称为支撑体住宅或可变住宅,是用SI技术建造的住宅。其中S即Skeleton的第一个字母,指住宅的骨架体或支撑体,是起结构骨架作用的公共使用部分,如起承重作用的框架、剪力墙,以及柱、梁、楼板等构件,S从广义上还包括共用部分设备管线,以及共用走廊和共用电梯等公共部分。I即Infill的第一个字母,指住宅的填充体,包括住宅套内的内装部品构件、专用部分设备管线、内隔墙(非承重墙)等自用部分和分户墙(非承重墙)、外墙(非承重墙)、外窗等围合自部分,以及相对固定部分,如单元门、窗框、整体厨卫等(图5.3-1)。

20世纪80年代初,日本提出了"百年住宅建设体系(Century Housing System)",旨在提升住宅建设的质量。时至20世纪90年代末,日本学习借鉴支撑体相关理论并依据本国国情进行了创新发展,又提出了KSI住宅(Kikou Skeleton Infill,日本都市机构开发的SI住宅)的理念。

我国在吸取发达国家相关经验的基础上,结合自身国情于2006年提出了CSI(China SI,中国支撑体住宅)的概念,CSI在填充体的适应性和可变性等方面颇具优势。

近年来,支撑体住宅在欧洲和亚洲得到广泛的发展,每年两次的国际开放建筑研讨会在世界各地召开,以推广和总结各国支撑体住宅的设计和实践。目前,这一理论已由住宅建设理论发展为群体规划理论和方法。SI住宅的设计理念是在设计和建造阶段将支撑体与填充体进行分离,分别进行设计和施工。支撑体S部分经由现场浇注施工,填充体I部分通过工厂化生产,现场装配。这样可明显减少现场湿作业量,提高工作效率,减少对环境的污染。

可以看出,由单个建筑构件装配组成的填充体I是SI住宅工业化建

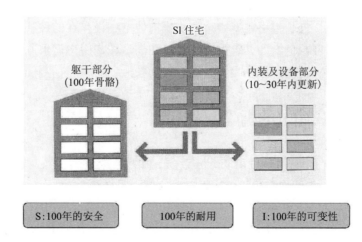

图5.3-1　SI住宅概念
(图片来源:刘卫东《SI住宅与住房建设模式:理论·方法·案例》)

造的核心部分，单个构件所具有的灵活性与适应性是填充体的主要特性，借此可有效提高住宅的使用价值。住宅的可持续发展建设首先需要考虑人的因素，以使用者的需求设计建筑的功能与形式。因此，我们可以根据居住者不同的使用需求对填充体部分进行"私人定制"，这正是SI住宅功能的一大特色。

通过研究我们认为，SI住宅相较于传统住宅，具有以下特色和优势。

（1）SI住宅建筑质量和性能好。SI住宅填充体部品构件的工厂预制化生产和现场的干式作业，可以在工业化建造模式下最大限度地保证住宅的质量。同时标准化的设计和工业化的生产，能够提供住宅部品构件的标准化和通用化，避免部件的尺寸差异而导致误差，可以有效改善传统建筑在构配件方面存在的质量问题。

（2）SI住宅填充体灵活可变，部分部品构件或可进行维修更换。住宅内同一面积也可以实现多种格局变换，以满足不同住户的不同需求，提高住宅的使用率和整体性能。

（3）SI住宅可以满足不同收入层次用户的个性化需要。SI住宅内部的分隔墙、类管线、地板、厨卫等部品的档次从低到高有多种规格和型号，可随着业主需求而作相应调整。

（4）SI住宅绿色环保无污染。SI住宅内装部品构件采用工厂化生产，质量检测可靠稳定，对我国住宅建设实现绿色环保、低碳节能具有巨大的推动作用。

（5）SI住宅可以最大限度地满足用户对于舒适性的要求。由于现代新材料、新技术在部品构件中得到广泛应用，SI住宅在保温、节能、采光、通风等方面明显优于传统住宅。

（6）SI住宅具有良好的抗震性能。支撑体的高标准设计以及轻质内隔墙的使用使得SI住宅在抗震方面具有更良好的性能。

（7）SI住宅施工安全，可避免安全隐患。SI住宅采用现场干式装配连接，极大地减少传统施工作业的安全隐患。

综上所述，SI住宅可以有效地解决当前住宅建设存在的种种问题，对我国建筑业实现绿色发展具有重要意义。在满足住宅用户需求方面，也具有传统住宅无法比拟的显著优势，发展前景极为广阔。

5.4 装配式建筑的拆除回收利用

5.4.1 小弓匠胡同6号北京平房院落改建案例

该改造项目主要运用了SI支撑体填充体理论体系，集中体现在对原有建筑结构进行保留和加固，之后对内进行可分离的装配式套内空间设计。

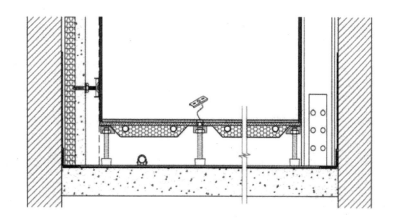

图5.4-1 基于SI住宅体系的架空式地暖和墙体
(图片来源：张德民、刘智斌《装配式技术在旧改项目中的适用性研究：以北京平房院落为例》)

该项目运用了集成化的填充体设计技术和建筑支撑体改造技术。其中对于建筑支撑体的改造主要是对原有建筑进行结构加固，在保留原有建筑的结构外墙下，进行建筑结构的修缮和保护。具体有对建筑的基础进行建筑防水、地坪防潮等改造，同时进行喷涂保温层等处理，对装配式地板和采暖进行前期准备（图5.4-1）。这是对胡同院落的改造，对现有的传统建造技术的改进，有效地缓解了传统民居在城市中更新改造导致的高成本和对城市生活的影响。

该民居建筑改造方案采用全工厂化的生产方式，然后进行现场的装配式组装。这种方式既保留了原有的建筑风貌，减少了对原有建筑结构和形制的破坏，同时还有效地简化了改造过程和措施。在建筑部品设计之初，就将建筑的管道管线和现代化的建筑设备设施提前装配到装配式部品如墙身和地板系统里。运用SI填充体建筑理论体系和装配式的更新改造实施方式，有效地应对城市中民居建筑改建的各种特殊性问题，如施工面积狭小、改造建筑体量较小、基础设施落后等。该平房建筑采用装配式装修改造。内部主要通过内部装修的装配式做法来实现更新改造。其中有装配式木地板、装配式地暖层、装配式内隔墙板和内部管道层，以及外部外挂板等。与此同时，内部的厨房单元、卫生间单元和对应的橱柜家具和卫具，都采用在工厂生产制作、现场组装的方式。

该建筑进行了原有建筑屋架的更换，运用轻钢建筑框架结构，实现内部建筑净高空间的提升。建筑的外围墙身则采用了发泡水泥保温一体化的墙板，实现建筑的保温和建筑的墙身结构一体化，整体的保温性能显著强于原有的砌体结构。在装配式内装化的过程中，选取适用于北京城市地域气候的装配式建筑外围护体系和结构。实现建筑的填充体隔墙、装配式集成吊顶、装配式地板等与建筑结构完全分离状态，用于灵活地划分建筑空间和户型设计。且让管道管线都布置在这些架空空腔内，实现建筑结构和装修的分离，方便后期的更新维护和维修更换。进行厨卫集成功能模块的内置化，这包括集成地板系统、集成吊顶系统、装配式集成墙面系统、绿色化的建筑门窗系统、集成卫浴建筑单元和集成厨房单元系统。（表5.4-1）

表5.4-1 小弓匠胡同6号北京平房院落改建

外部改造后的实际效果	内装厨房改造后效果	集成化厨卫模块功能单元

表格来源：李万华《基于填充体装配式方法的北京传统民居改造策略研究：以北京市东城区法华寺地区为例》

5.4.2 白塔寺杂院预制模块化设计

度态建筑事务所为北京市白塔寺的胡同区域进行了改造，主要为在大杂院内部进行设计和建造预制模块。白塔寺胡同区域是北京历史悠久的传统民居区域，但是随着时代的发展，内部居民逐渐进行了"私搭乱建"，逐渐让区域内部的院落和胡同自发地不断内生发展。居民后期自发建设的建筑与原有民居建筑在建筑形制和建筑结构上不一，两种建筑结构不断结合在一起，进而逐渐成为"大杂院"，而白塔寺杂院预制模块，就是为了运用装配式建造策略和集成化卫浴功能建筑模块来缓和"私搭乱建"和居住需求之间的矛盾。

这种自发建设的建筑满足了居民的基本生活条件，但是违反了政府部门对于胡同四合院管理的规章制度。该建筑改造方案主要为了协调两大方面的冲突，既要满足居民所必需的住宅建筑的使用功能和居住质量的提升，同时也要符合城市治理的规章制度。最后采取的是一系列的预制装配式建筑功能模块，然后直接置入到原有的院落空间和建筑间隔内，先将原有的内部违建加建进行拆除，然后安装独立的卫生间预制功能模块。

该改造采用了预制模块化的装配式卫生间建筑功能单元，实现了集成式卫生间和淋浴功能，同时也是一个智能化的装配式模块，内部有各种传感器，可以用来感知装配式单元内部的温度，可以使用暖气等加热功能进行辅助。这种智能卫生间模块的设计突出整体感，外形向工业产品学习，采用了Unibody的设计语言。卫生间模块的外部墙体采用装配式，一种一次浇筑成型的钢筋混凝土集合建筑单元，主要由超高性能混凝土（Ultra-High Performance Concrete，UHPC）板组成。UHPC板是一种超高性能的混凝土，其抗压强度可以达到810 MPa。且外墙的内部预先装配好内部装修的结构龙骨和保温防潮材料，内部的卫生间功能设施采用独立的整体式卫生间产品，实现其尺寸为1.5 m×1.5 m的平面布局。在胡同等狭窄的建筑空间里，紧凑的装配式功能模块，既方便在内部进行运输和安装，也实现装配式施工流程的简便快捷。

表 5.4-2　白塔寺杂院预制模块化设计的卫生间和储藏模块

表格来源：李万华《基于填充体装配式方法的北京传统民居改造策略研究：以北京市东城区法华寺地区为例》

WikiHouse的建造体系可以适应各种场地，这样的装配式储藏功能模块可以适应传统民居建筑内部的复杂多样的空间条件和院落情况。

5.4.3　南锣鼓巷大杂院改造

项目位于北京东城区靠近南锣鼓巷的胡同里。计划院内房用作厨房，临胡同房用于午休、开店。项目的场地极其狭小，且内部只有一个加建建筑，用作厨房使用。该案例通过可变空间的装配式建筑单元和建筑技术，实现了内部的建筑功能完整。在这个改造中，其规划设计和建造施工全过程，为传统民居应用装配式填充体理论提供了有效的具体示例。项目在拆除原有的加建后，对民居的建筑结构进行了修缮。重点完善建筑承重结构，运用传统的木构建造技术修复其屋架结构。在结构节点处进行现代化钢结构的加固，之后进行装配式模块化的厨房空间搭建，运用院落空间，同时实现建筑的可变形能力（表5.4-3）。

表5.4-3 南锣鼓巷大杂院改造

原有厨房单元功能不足	加建的方式简陋	加建单元与院落不协调
拆除内装修，保留原有结构	结构节点处运用钢结构加固	对木构屋架进行原材修缮
装配式集成厨房单元	内部模数化的厨房设施	装配式单元与院落协调

表格来源：李万华《基于填充体装配式方法的北京传统民居改造策略研究：以北京市东城区法华寺地区为例》

5.4.4 白塔寺"未来之家"项目

"未来之家"项目内部空间的划分，体现了KSI理论和实践。在吊顶系统运用新技术，实现室内空间的有效提升，在地面系统采用装配式和导轨化，实现家具和地板一体化。同时不再采用传统的隔断墙划分室内空间，而是运用可以导轨移动的家具，实现内部室内空间的灵活度和多样化。"未来之家"场地很狭小和局促,院落空间只有 80 m²,真正的正房面积只有 30 m²,其他的建筑都是非常规的加建建筑,项目所在地是旧城胡同保护街区,由于胡同建筑改建的项目具有先天的周边环境施工局限性,所以施工方式减少了现场的大量机械作业,减弱了对邻里正常生活的干扰。正房是砖木结构,减少对其主体结构的改动,进行一定的结构修复,同时更换钢结构的屋顶结构,拆除原有建筑内部的隔墙划分,内装两个可移动家具模块和一个固定在建筑地面的导轨模块,靠可移动的家具来实现对空间灵活的改变,可移动家具模块的移动是依托智能遥控来实现,同时这套遥控系统还可以控制内部其他的家具设施,实现住宅室内居住环境的软硬件结合方式,让面积有限的建筑内部实现多种住宅居室功能,来应对年轻居住者多样变化的生活状态(表 5.4-4)。

表 5.4-4 未来之家项目中的可移动家具来划分建筑的功能和空间

可移动家具划分建筑功能和空间	实际效果图	
家具收起		
家具放开		

表格来源:李万华《基于填充体装配式方法的北京传统民居改造策略研究:以北京市东城区法华寺地区为例》

5.4.5 东南大学的"梦想居"(一种预组装房屋系统)

东南大学的丛勍在《一种预组装房屋系统的设计研发、改进与应用》中主要研究和设计建造了一种新型的建筑产品模式。其全过程的设计到建成,展现出了轻型装配式建筑的建造逻辑和施工方式。同时运用这种技术实现了传统院落建筑的现代化建成。该项目是一个用现代化建筑材料和建筑技术按照四合院的院落空间形态建成的,由十多个 6 m×6 m×3 m 的标准模块单元组建(图 5.4-2),用一个连廊连接而成,有居住单元和公共空间单元,满足了老年人和青年人居住需求,同时还有一定的社区公共活动区域功能,有着绿色低碳、多用途的建筑特点,是一种通过建筑构件类型进行设计,同时由构件装配成的建筑(图 5.4-2)。同时东南大学

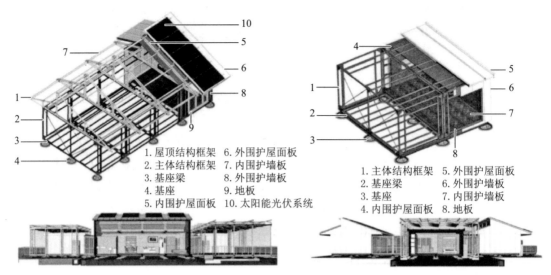

图5.4-2 轻型装配式建筑技术建成的合院式建筑

（图片来源：张睿哲、丛勐、伍雁华等《被动与主动节能技术相结合的可移动式轻型钢结构房屋示范——以东南大学"梦想居"未来屋项目为例》）

建筑学院的研发团队和企业已经形成共同设计、制造和建造的合作模式，构建了系统化生产的轻型装配式可移动建筑的产业链模式，而且该协同模式为后期的维修和更换建立了长效的质量保障机制，实现建筑的寿命长久化。

5.5 本章小结

本章主要讨论了装配式建筑的发展及其相关管理问题。装配式建筑是一种新型的建筑方式，装配式建筑实施过程中生产、运输、施工等环节都需要有效的管理保障，才能保证各项技术措施的有效实施。

装配式建筑的运行维护也很重要。良好的运行维护不仅可以有效延长建筑产品的使用寿命，有助于实现我国"百年住宅"的重要目标；通过长久而优良的运维管理，还可提升或扩展建筑产品的品质和性障，以进一步适应更广泛的社会需求，如绿色低碳、节能环保等。BIM信息化技术在装配式建筑的运维管理中起到了至关重要的作用，可以通过协同设计模式、计算机编码技术和构件信息跟踪反馈技术等三个方面运用BIM技术实现装配式建筑的高效运维管理。

装配式建筑的发展需要政府、甲方、设计单位、施工单位、监理和生产等企业多方合作、共同努力，并运用BIM信息化技术进行协同设计和全流程管理，才能推动装配式建筑的健康发展。

参考文献

[1] 中国建筑标准设计研究院有限公司. 百年住宅建筑设计与评价标准：T/CECS-CREA 513-2018[S]. 北京：中国计划出版社，2018.

[2] 张宏, 朱宏宇, 吴京, 等. 构件成型·定位·连接与空间和形式生成：新型建筑工业化设计与建造示例[M]. 南京：东南大学出版社, 2016.

[3] 罗佳宁, 陆伟东, 张宏. 产品思维下装配式建筑系统集成技术应用与价值思考：以澳大利亚轻型结构房屋系列产品为例[J]. 华中建筑, 2022, 40(8)：11-17.

[4] 刘东卫. 装配式建筑系统集成与设计建造方法[M]. 北京：中国建筑工业出版社, 2020.

[5] 干申启. 工业化住宅建筑可维护更新技术与应用[M]. 南京：东南大学出版社, 2021.

[6] 樊则森, 张玥. 装配式建筑的物质性特征及其系统集成设计方法[J]. 新建筑, 2022(4)：15-19.

[7] 王笑梦, 马涛. SI住宅设计：打造百年住宅[M]. 北京：中国建筑工业出版社, 2016.

[8] 李天华, 袁永博, 张明媛. 装配式建筑全寿命周期管理中BIM与RFID的应用[J]. 工程管理学报, 2012, 26(3)：28-32.

[9] 刘长春, 张宏, 淳庆. 基于SI体系的工业化住宅模数协调应用研究[J]. 建筑科学, 2011, 27(7)：59-61, 52.

第六章 装配式建筑可维护更新的技术应用研究

6.1 协同设计在装配式建筑可维护更新中的应用

6.1.1 装配式建筑协同设计的基本概念及特征

协同设计是指为了完成某一设计目标，由两个或两个以上设计主体（或称专家），通过一定的信息交换和相互协同机制，分别完成不同的设计任务，最终共同完成这一设计目标。协同设计的方法如何在装配式建筑开发中得到进一步运用，这是目前需要认真研究的课题。装配式建筑协同设计的具体概念为：协同设计是以系统协同理论为指导，以信息化技术为支撑，将协同设计的理论与方法应用于装配式建筑设计模式，并以此研究装配式建筑开发中不同学科、不同专业、不同团队成员之间如何协作配合，如何优化装配式建筑设计流程，消解装配式建筑设计冲突，进而提高装配式建筑的设计效率。由此可知，协同设计是一门综合性集成设计方法学。

协同设计是装配式建筑产品可维护更新的基础。装配式建筑维护更新的发展将最终形成产业化运作规模，并成为装配式建筑建设完整产业链的重要组成部分。装配式建筑的维护更新工作与传统住宅的维护更新工作不同，其牵涉住宅产业链上的各个部门，只有将设计、制造、装配、维护更新等各单位、各部门、各企业联合起来，协同合作，才有可能实现维护更新的产业化运作，产业链的各项产业功能才能得以正常发挥。此外，协同合作模式也是计算机编码工作的重要保证，只有通过各部门的协同合作，并保证信息实时共享，才能完成复杂而烦琐的计算机编码工作。因此，协同设计模式是装配式建筑可维护更新不可或缺的重要手段。

装配式建筑协同设计的主要特征为：自组织系统特征；综合性特征；信息化特征；技术集成特征；通用性多样化特征；虚拟表现的特征。

与传统设计相比，协同设计主要体现以下几方面优势。

1. 设计功能方面：基于 BIM 的协同设计，是以单个构件的模型为载体，覆盖设计、分析，以及可视化管理等多方面内容，最终建立精确的三维实体模型。

2. 模型特征方面：传统 CAD 软件很难建立三维模型，二维图纸并没有储存信息的功能；而 BIM 三维参数化模型具有储存各类工程信息功能，并可即时传递、随时取用。

3. 协调方式方面：BIM 协同设计可通过软件平台，整合各专业设计师、业主和施工方，使各方在设计阶段就参与进来，这样就可根据不同需求即刻更改设计，提高设计效率。

4. 关联性方面：协同设计中的 BIM 模型，其本身即可根据三维实体模型导出各类图纸，且模型与图纸中的元素一一对应。如果需要更改模型的某个部分，则图纸中的该部分会关联性地刷新。

正是基于协同设计的种种优势，尤其是与其他相关专业的关联性，以及可将产业链中各个部门和企业联系到一起的特性，启发我们将协同设计应用于装配式建筑的维护更新领域，以期在这一领域较高的技术层面上实践 OB（Open Blocks，开放式模块）开放建筑理念，我们还希望能够借此建立装配式建筑维护更新方面新的技术应用系统。

6.1.2 装配式建筑协同设计的应用内容和目标

6.1.2.1 应用内容

为了将装配式建筑协同设计关键要素的研究成果与具体应用相结合，使装配式建筑协同设计与其开发流程融合在一起，首先必须明确装配式建筑协同设计的应用内容。主要应用可归结为以下三部分：

1. 明确装配式建筑协同设计的任务

确定任务是进行装配式建筑协同设计的第一步，并由此决定下一步的工作内容。装配式建筑协同设计的任务应体现出相对传统设计开发模式的优越性。

2. 确定装配式建筑协同设计的工具

在 BIM 工具的选择与确定环节，即应明确并确定面向装配式建筑协同设计的 BIM 目标、BIM 模型架构、BIM 平台的构建、BIM 软件的评价与筛选，以及 BIM 辅助工具的选择等。

3. 归纳装配式建筑协同设计的应用方法

装配式建筑协同设计的应用方法分为整体流程和详细流程两个层面。整体流程的应用方法主要确定装配式建筑协同设计不同阶段之间的顺序、应用工具和参与方介入项目的节点，以及所有的相互关系，使得所有项目参与人员在初始阶段就清楚他们的工作流程。详细流程的应用方法则重在描述每个阶段具体环节的任务和应用方法，如建筑师在设计阶段的任务及实现方法。

6.1.2.2 应用目标——向协同建造转型

基于BIM的装配式建筑协同设计模式在"效率"和"质量"这两个方面取得突破性进展。"效率"的提高是基于BIM的装配式建筑多手段、多参与方的协同建造而实现;"质量"的提升体现在部品构件实现工厂化生产后,装配式建筑部品的品质得以提升而避免了频繁发生的质量问题,方便了住宅日后的维护更新。因此,我们认为装配式建筑协同设计的最终目标应是向协同建造转型。

装配式建筑协同设计模式,可为装配式建筑项目的各参与方提供一个协同工作平台,以此为装配式建筑建造提供信息共享和交换的环境,最终为装配式建筑建造向协同建造转型提供可能。综上所述,协同建造的根本目标应是做到以下四个环节的协同:设计方与施工方的协同;虚拟建造与实际建造的协同;部品生产与施工建造的协同;施工建造环节不同工种的协同。

6.1.2.3 实现方法

所谓协同,离不开各参与方的配合,在制定一致的设计目标后,参与方在BIM环境下,应依照BIM设计流程来完成各阶段的任务(图6.1-1)。

1. 准备阶段

项目通过审批后,就需要建立信息共享平台,各专业设计人员应严格按照BIM设计流程进行设计。该阶段作为协同设计的基础,主要工作是确定模型的质量交付标准、模型的精确程度、建模工具、坐标、样板选用等,此外需要建立中心文件夹,并根据专业需求划分工作集,实现设计共享与同步。图6.1-2是以上一章中提到的"梦想居"未来屋为例的BIM中心文件示意图。

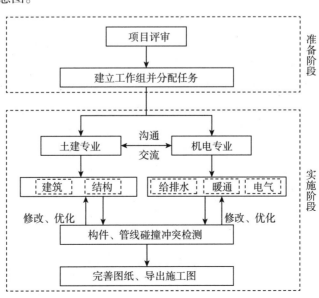

图6.1-1 协同设计的基本流程
(图片来源:作者自绘)

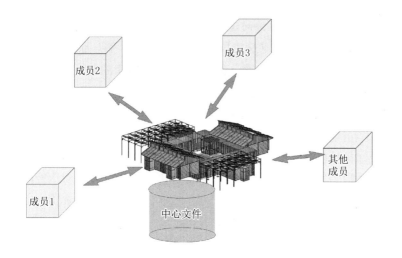

图6.1-2 以"梦想居"为例的BIM中心文件示意图

(图片来源：作者自绘)

2. 实施阶段

协同设计实施阶段包括初期协同和后期协调两个部分。初期协同是指在前期规划设计和建筑设计阶段建立的建筑模型基础上，结构设计师、机电设计师根据本专业需求进行设计；而后期协调的主要工作是对各专业的碰撞冲突问题进行处理优化。

6.1.3 装配式建筑协同设计的工具——BIM技术的系统架构

BIM系统架构主要由BIM目标、BIM平台、BIM模型架构、BIM软件和BIM辅助工具等组成。

6.1.3.1 BIM成为装配式建筑协同设计核心工具的原因

传统建筑产业生产效率不高，信息化程度也较低，其根源可以归结为各参与方之间的相关信息不能得到及时、有效的传递，使得彼此的配合不能有效开展，从而导致更改、返工等情况时有发生。

传统设计方法中单纯利用平面二维图纸进行各专业间的合作，已经不能满足日益加快的建筑信息化进程。BIM的信息处理技术突破了这一零散拖拉模式，BIM环境下的三维立体模型可以携带项目设计信息，项目开展初期即由各参与方共同搭建信息共享平台，不同人员可以通过软件的协作功能，及时交流沟通，达成共识，对项目进行合理的修改和变更，不断完善设计以达到最终设计目标。可以说，正是BIM技术强大的信息处理功能使其成为装配式建筑协同设计核心工具，BIM的信息处理技术具体包括以下几点：

1. BIM技术的核心是信息共享，可为装配式建筑协同设计全过程的所有参与方（开发方、政府管理方、设计方、施工方、工程管理方、材料设备供应方、运营维护方）服务，为其提供一个高效的协同工作平台；

2. BIM 技术的应用较为符合装配式建筑协同设计的目标，通过强化协同工作，有利于加快建设进度，提高工程质量，降低装配式建筑各参与方由于无法及时协同而造成的各类损耗和损失，在协同建造、质量维护和利益格局等各方面均与装配式建筑的终极目标相匹配；

3. 在住宅建设产业化进程中，装配式建筑的维护更新将逐渐形成一种产业化运作规模，并成为装配式建筑建设产业链中的重要环节。协同设计正是将维护更新与其他各个建设产业串联起来实现这一目标的重要手段，而 BIM 技术则是实现这一协同设计的重要技术支持和核心工具。

6.1.3.2 装配式建筑协同设计的 BIM 目标

BIM 技术在装配式建筑协同设计中得到正确应用的前提是制定 BIM 目标。明确装配式建筑项目 BIM 的总体目标，可以清晰地识别了解 BIM 可能给各主要建设参与方所带来的潜在价值。因此，在一个具体的装配式建筑建设项目中，BIM 目标的制定是协同设计实施的首要和关键工作。

BIM 目标应该与装配式建筑项目的目标密切相关，包括提高设计效率、缩短设计周期、缩短项目周期、提高填充体部品构件的生产效率、提高施工建造效率、提升建筑质量、减少设计与施工变更、节约成本、提高项目交付后的运维效率等。

BIM 目标的制定必须明确、可量化，一旦定义了可量化的目标，与其相对应的 BIM 应用就可以明确。如表 6.1-1 所示是"梦想居"未来屋项目 BIM 目标与 BIM 相对应的应用方法。

表 6.1-1 "梦想居"未来屋项目的 BIM 目标与 BIM 应用方法

优先级 （1 为最重要）	目标描述 （附加值目标）	BIM 应用方法
3	提高项目交付后运维效率	模型跟踪
2	提高建造效率	冲突检测
1	提高设计效率	3D 建模，冲突检测
1	提升设计阶段的成本控制能力	5D 建模，成本预算
3	提升可持续性	绿色性能分析与评估
2	加快施工进度	4D 建模
1	消除施工现场冲突	冲突检测，4D 建模

表格来源：作者自绘

目标的优先级一旦确定，将为装配式建筑协同设计过程中的 BIM 平台构建和工具的筛选工作带来极大的灵活度。以清晰的目标为基础，就可以进行下一步 BIM 应用方法的评估与筛选，以确定在该装配式建筑建设项目的协同设计中哪些具体应用已付诸实施。主要涉及以下三点：

1. 明确与BIM目标对应的BIM应用的责任方与参与方；
2. 评估参与方对该BIM应用具体实施的能力，包括其资源配置、项目团队能力水平和装配式建筑项目经验等；
3. 评估该BIM应用给项目带来的价值，以及给项目主要参与方带来的价值。

在上述综合考虑的基础上，装配式建筑项目团队应进一步分析与判断，对该项目中某项具体BIM应用进行判断和最终确定，以期制定相应的实施策略。如表6.1-2是"梦想居"未来屋项目基于BIM目标进行的BIM应用分析筛选。

表6.1-2 "梦想居"未来屋项目的BIM应用分析筛选

BIM应用	对项目的价值	责任方	对责任方价值	责任方实施能力			需增加的资源	备注	实施
				资源	能力	经验			
模型跟踪	高	承包方	中	中	中	中	培训及软件	—	是
		管理方	高	低	中	低	培训及软件		
		设计方	中	高	高	高	—		
冲突检测	高	承包方	高	高	高	高	培训及软件	基于BIM协同模型统筹安排	是
		分包方	中	低	低	高	培训及软件		
		设计方	高	高	高	高	协调软件		
3D建模	高	设计方	高	高	高	高	—	—	是
4D建模	高	承包方	高	中	中	中	培训及软件	流程应用	是
5D建模	高	承包方	高	中	中	中	培训及软件	软件要求较高	可能
		分包方	高	中	低	低	培训及软件		
性能分析	低	设计方	中	中	中	中	附加软件	成本增加	否
成本预算	中	承包方	高	高	中	中	培训及软件	—	可能

表格来源：作者自绘

6.1.3.3 建立基于BIM的装配式建筑协同设计信息管理平台

1. 建立基于BIM的装配式建筑协同设计信息管理平台的意义

装配式建筑协同设计必须建立一个可共享的BIM信息管理平台，为装配式建筑协同设计的各主要环节提供一个协同工作与信息传递的平台。

2. 基于BIM的装配式建筑协同设计信息管理平台的功能

第一，能够协同不同专业进行冲突检测，提前对可能的设计冲突和建造冲突进行消解；第二，对装配式建筑基本性能进行模拟分析；第三，能够有效管理装配式建筑部品构件的生产；第四，能够保证数据信息在装配式建筑全生命周期的有效传递；第五，保证信息的有效输入与输出，支持4D模拟、5D模拟等扩展功能；第六，能够确保信息的有效交付，支持日后运营阶段的维护与管理。

第六章 装配式建筑可维护更新的技术应用研究

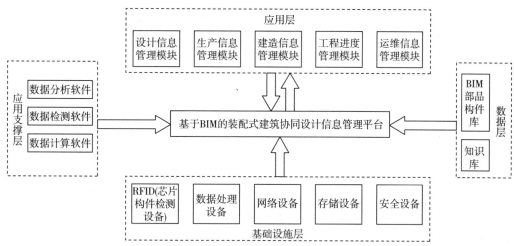

图6.1-3 基于BIM的装配式建筑协同设计的信息管理平台

（图片来源：作者自绘）

3. 基于BIM的装配式建筑协同设计信息管理平台的整体架构

整体架构可分为四个基本层级（图6.1-3）：

（1）第一个层级是应用层，包括设计信息管理模块、生产信息管理模块、建造信息管理模块、工程进度管理模块和运维信息管理模块五个模块；

（2）第二个层级是应用支撑层，分为数据分析软件、数据检测软件和数据计算软件；

（3）第三个层级为数据层，包括BIM部品构件库与知识库，是BIM的基本信息来源；

（4）第四个层级为基础设施层，主要是各种支持设备，如RFID（即芯片构件检测设备）、数据处理设备、网络设备和存储设备、安全设备。

此外，为满足装配式建筑全生命周期管理的需要，应对装配式建筑部品构件进行信息采集和跟踪管理。可通过为每个装配式建筑部品构件植入对应的RFID芯片来达到这一目的。为此，在设计阶段就应将相关部品构件进行分类并将相关信息录入芯片，且该芯片的编码应与BIM模型中的构件编码一致。并且，还要将信息上传至信息管理平台，这样即可通过读写设备实现对装配式建筑部品构件在生产阶段和建造阶段的数据的采集和传输。此后，再将信息反馈至信息管理平台，使之用于项目交付后的数字化管理，由此便可实现对部品构件在装配式建筑全生命周期的跟踪管理。最后这一步的信息化处理，对于装配式建筑住宅的维护更新具有重要意义。后面介绍的装配式建筑信息监管平台即是在以协同设计为基础的思路上建立起来的。

6.1.3.4 装配式建筑协同设计的BIM模型架构

在装配式建筑协同设计的实际操作层面，由于项目开发流程具有阶段

115

性以及专业分工和实现目标的差异，因此项目的不同参与方、不同专业往往拥有各自独立的BIM模型，如设计阶段BIM模型、施工阶段BIM模型、建造阶段BIM模型和运维阶段BIM模型，以及建筑BIM模型、结构BIM模型、设备BIM模型等。上述模型从属于装配式建筑协同设计的总体BIM模型，称为总体模型的BIM子模型，总体模型和子模型又基于同一个基础模型产生。基础模型也可被称为基础信息模型，是装配式建筑项目中各项基本信息的集合，涵盖了该装配式建筑项目最基本的层级，如项目的地理坐标、空间结构、属性、关系等。与其他类型的项目相比，装配式建筑协同设计的BIM模型还包括部品构件的BIM模型，它们也是基于基础模型生成的，可以从装配式建筑部品的BIM模型库调用。此外，项目的材料数据、价格信息等数据信息也是总体BIM模型的重要组成部分，应成为另一层级。

因此，装配式建筑协同设计的总体BIM模型架构由四个层级组成（图6.1-4），顶层是项目BIM子模型，往下依次是部品构件BIM模型、基础模型和数据信息。

装配式建筑协同设计的BIM模型架构中每一层级应包括如下内容：

1. 项目BIM子模型既包括装配式建筑项目全生命周期每一阶段的BIM子模型，也包括不同阶段按照专业分工建立的专业BIM子模型。

2. 部品构件BIM模型既包括按照部品构件功能分类划分的七个部品体系的BIM模型，也包括每个部品体系下所囊括的构件BIM模型和可以共用的构件BIM模型。

3. 基础模型表达的是装配式建筑项目的基本信息、不同专业间模型的

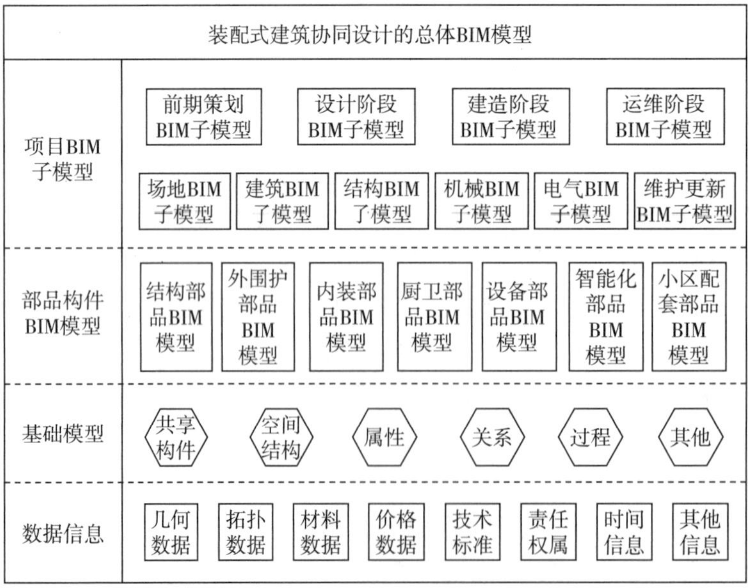

图6.1-4 装配式建筑协同设计的BIM模型架构
（图片来源：作者自绘）

共享信息，以及各个子模型之间的关联信息等，其内容应包括基础模型的共享构件、空间结构（总图关系、空间关系等）、属性、关系（信息和构件之间的关联信息）、过程（工作流程、任务过程等）等元素。

4. 数据信息包括装配式建筑项目最基本的数据，如具体构件的几何数据、拓扑信息、材料数据、价格信息、相关技术标准、某阶段任务的责任权属、项目的时间信息等。

以上四个层级共同组成了装配式建筑协同设计的总体BIM模型，在装配式建筑协同设计的每一个环节都发挥了重要作用。

6.1.3.5 装配式建筑协同设计的BIM软件

BIM软件在专业上分类较细，专业差别较大，许多软件只是针对装配式建筑建设的某一具体功能设计，缺乏从整体角度上针对协同设计的BIM软件。因此，装配式建筑协同设计的BIM工具涉及多专业、多领域的综合应用，其实现方式必定是由多种软件工具相辅相成、相互配合与依托。目前建筑行业中常用的适合装配式建筑协同设计的代表性BIM软件，有Revit Architecture、Bentley Architecture、ArchiCAD、Tekla，以及基于BIM平台的装配式设计模块PKPM-PC等等。本教材最后形成的基于BIM的技术应用系统主要是采用Revit Architecture（以下简称Revit）软件进行编程设计的。

6.1.3.6 装配式建筑协同设计的BIM辅助技术

BIM是装配式建筑协同设计的核心工具，但装配式建筑协同设计的过程同样依赖于其他与BIM紧密配合使用的辅助技术。由于BIM是基于数据信息的建模应用技术，故可以使其与激光定位技术、无线射频技术（RFID），以及三维激光扫描技术（3D Laser）等多种技术进行集成，共同应用于装配式建筑的协同设计。在装配式建筑协同设计中应用较多的BIM辅助技术主要有：

1. 激光定位技术

激光定位技术主要用于协同建造环节，用于提高建造精度和效率。传统的建造放线环节效率较低、精度较差，而运用基于激光定位技术的激光全站仪，就可以使之与BIM技术相配合，并调用BIM模型中的数据用于现场定位，便于下一环节的协同建造管理。

2. 无线射频技术

利用RFID技术，可对部品构件进行数字化管理，并可随时追踪其所在的位置信息和状态信息。将RFID技术与BIM信息管理平台匹配后，如某一部品构件的状态信息发生变化，BIM模型里的构件信息会实现自动更新。

6.1.3.7 BIM技术在装配式建筑协同设计中的作用

BIM以建筑的全生命周期数据、信息共享为目标，运用现代信息技术，为项目参与方提供一个以数据为核心的高效率信息交流平台以及协同工作环境。它为项目不同参与方之间搭建了沟通的桥梁，是装配式建筑协同设计的信息化基础和协同基础，在装配式建筑协同设计中发挥着核心作用。

1. 信息共享

BIM模型中的所有设计数据信息都是相互关联的，同类构件信息一经输入，所有关联内容均会发生改变（图6.1-5）。基于BIM的装配式建筑协同设计可以为设计、生产、施工以及业主提供工程的即时信息，从而实现信息的有效共享。传统住宅在日后维护更新时经常由于信息的缺失导致工作难度增大、工作效率低下，而BIM模型中的信息共享则能很好地解决这一问题，这无疑会对装配式建筑的可维护更新起到极大的推动作用。

2. 冲突检测

传统的住宅设计中的图纸表达与绘制均是二维平面化的，平面中的冲突和问题很容易被发现，而三维空间中的冲突却很难被检测，往往只能依赖设计人员的经验与空间想象能力。三维空间中的冲突牵涉专业较多，很难对设计中的冲突进行全面检测。早期的碰撞检测模式是人工核对与检测，准确性和效率都很低下，图纸可能存在较大的漏洞。装配式建筑协同设计应用BIM技术可有效解决这个问题。利用BIM软件辅助冲突检测，可在三维空间下消解各类碰撞冲突，从而实现快速、精准、高效的工作模式，大大提高了日后维护更新工作的质量和效率。

3. 设计专业间协同

基于BIM的装配式建筑协同设计中，所有专业（建筑、结构、暖通设

图6.1-5 BIM的信息共享作用

（图片来源：http://www.bimclub.cn）

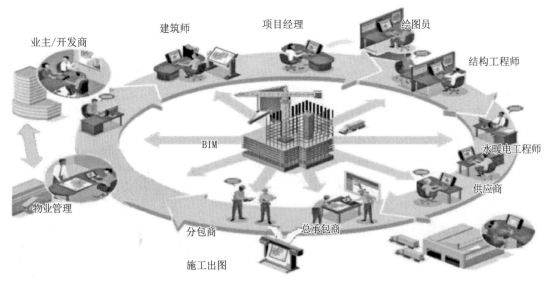

第六章 装配式建筑可维护更新的技术应用研究

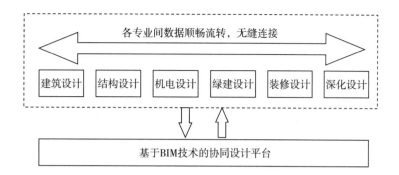

图6.1-6 全专业协同信息模型
（图片来源：作者根据中国建筑科学研究院有限公司《基于BIM的预制装配建筑体系应用技术手册》绘制）

备等）都可以在BIM的整合下在同一个项目模型文件里进行工作。这就可以方便地实现专业内部的图纸冲突检测以及专业之间的空间冲突检测，及时解决设计空间冲突矛盾，也能够确保信息在不同专业之间的有效传递，这对项目的优化设计大有裨益。利用基于BIM平台的装配式设计软件PKPM-PC，可实现各专业之间的协同合作，有效解决装配式建筑设计阶段的矛盾冲突等各种问题，大大提高设计效率和准确性（图6.1-6）。

4. 设计—生产—施工协同

如图6.1-7反映的是以BIM为信息化基础的建筑全生命周期协同平台。装配式建筑部品构件的生产单位和施工单位可以在方案设计阶段就介入项目，与设计单位共同探讨加工图纸和施工图纸是否符合工艺要求和建造要求，以方便设计单位及时修改。设计方面的图纸一旦定稿，就不需要再像传统设计模式一样重新针对生产企业和施工企业出图，所有环节均以BIM为媒介出图，而且可以实时更新，即使生产企业或施工企业对图纸进行修改，也可以及时反馈至BIM平台，真正实现流程上的协同。

6.1.4 协同设计在装配式建筑可维护更新中的应用

协同设计对装配式建筑的可维护更新有着重要作用，主要体现在三个方面：一是解决碰撞冲突问题；二是提升质量维护水平；三是加强运营维护阶段的协同工作。下面就这三方面具体阐述。

6.1.4.1 解决碰撞冲突问题

碰撞冲突检测是日后维护更新工作能够顺利进行的前提，各类碰撞冲突问题的存在会给维护更新工作带来极大的麻烦，如不很好地解决这类问题，甚至可能导致无法维护更新。因此，及早预见性地解决错、漏、碰、缺等碰撞冲突问题，这不仅对提高设计效率以及建筑质量有极为重要的意义，也是装配式建筑可维护更新的重要保证。

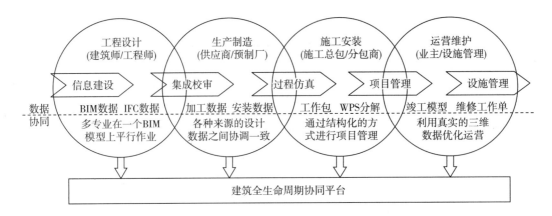

图6.1-7 以BIM为信息化基础的建筑全生命周期协同平台

（图片来源：作者自绘）

6.1.4.2 质量维护水平的提升

质量维护是装配式建筑维护更新在生产和施工阶段的具体体现，它能有效保证住宅部品工厂化生产的质量，提高住宅施工精度，实现装配式建筑产品的三包维修服务，为日后运营维护阶段的工作提供极大的便利。质量维护是装配式建筑维护更新的重要环节，协同设计是质量维护水平得以提升的重要手段。

质量维护水平的提升作为装配式建筑协同设计的目标之一，可以划分为以下三个层级来逐步实现：

1. 建立装配式建筑部品构件的质量保障体系

装配式建筑部品构件的质量保障体系需要通过数字化工具来实现。数字化就是将大量复杂的信息转换成计算机处理的二进制数字，数字化工具即储存大量相关信息和数据的计算机及其他设备。基于这种数字化工具，可以由计算机控制自动完成装配式建筑构件的预制生产，降低建造误差，提升装配式建筑构件的生产与制造精度，从而提升装配式建筑的质量。

2. 装配式建筑施工精度的提升

装配式建筑协同设计通过 BIM 工具的运用，在设计、施工阶段均可以进行冲突检测和消解，因此可以在很大程度上减少不同设计专业之间、设计方与施工方之间的碰撞与冲突，极大地提升装配式建筑的施工精度。

3. 建立装配式建筑全生命周期的质量追溯体系

提升施工精度是装配式建筑质量维护提升的第一层级，建立装配式建筑部品构件的质量保障体系则是装配式建筑质量维护提升的第二层级，而装配式建筑协同设计旨在提高装配式建筑全生命周期的建筑质量。因此，建立装配式建筑全生命周期的质量追溯体系应该作为装配式建筑质量维护提升的第三层级和终极目标。

6.1.4.3 运行维护阶段装配式建筑协同设计的应用方法

运营维护一直存在于住宅建造完成后的长期使用过程中。这一阶段的维护更新工作周期长、难度高，存在一定的人力、物力等资源消耗，可谓是装配式建筑维护更新的主要阶段。协同设计对这一阶段的工作也相当重要。

协同建造完成并进行项目交付后，并不意味着装配式建筑协同设计的结束。在项目交付环节，必须提交完整的项目竣工 BIM 模型，将之与物业管理计划相链接，这样就能够实现运行维护阶段的诸多协同工作，可极大地提高以下几方面的运行维护效率。

1. 基于 BIM 的空间、客户信息和能耗管理

将 BIM 模型与物业设备管理进行关联，建立 BIM-FM 系统，可以有效地整合交付后的装配式建筑及其物业设备管理方面的基本信息。FM 即 Facility Management，设备管理。广义的 FM 也涵盖了物业管理（Property Management，PM）及资产管理（Asset Management，AM）等专业技术服务内容。BIM-FM 系统具备 BIM 技术对部品构件的空间定位和相关信息收集方面的优势，并能够实现空间信息、客户信息和能耗的有效管理。

（1）在空间管理层面，可以协助物业管理方实现可视化管理和管理效率的提升；

（2）在客户信息管理层面，能够实现对所有用户信息的有效整合；

（3）在能耗管理层面，可以将所有区域的仪表与 BIM-FM 系统对接，能耗数据将实时传输到 BIM-FM 系统中。

2. 基于 BIM 的维护维修管理

基于 BIM 和 RFID 射频识别技术，可以实现对装配式建筑所有损毁区域的精准快速定位和维护维修，主要通过以下环节实现：

（1）在机械设备和部品构件运转不良或发生损坏时，通过 BIM 信息管理平台可以快速确定其位置。

（2）通过 RFID 标签指示的位置，系统能够帮助维修管理人员实时定位，提示其往返维修部位的最短和快捷路径。

（3）通过移动设备对损坏设备和构件进行扫描，能够快速获得损坏的详细信息，也能够通过远程技术从 BIM 信息管理平台中获得图纸、生产厂商信息，以及维修手册等相关维修信息。

（4）通过读取 RFID 标签中的厂商信息，能够快速查询是否有可替换构件和设备，若无法维修，即可根据其中的信息与厂家联系，实现装配式建筑部品构件的报修与更新。

可以看出，实现装配式建筑产品的可维护更新，将涉及整个设计、生产、施工装配、日后运营维护的建设全过程，而基于 BIM 技术的协同设计在这一过程中起到了至关重要的作用。由此可知，协同设计是装配式建筑维护更新的基础和重要手段。

6.2 计算机编码技术在装配式建筑可维护更新中的应用

对于旨在实现建筑业绿色发展，构筑环境友好型城市来说，最重要的建设理念、最大的环保就是打破一直沿袭而来的"拆建"模式，力求让每栋建筑都能正常运转，达到有效寿命，这就是可维护更新的重要现实意义。对于装配式建筑产品，要求其达到可持续维护更新，其建筑构件应具有基于可维护更新的通用性与可替换性。利用 BIM 技术，即可在装配式建筑产品构件分类基础上建立建筑构件数据库，明确构成建筑所有构件的身份信息，这样才能为日后住宅的维护维修及更新替换提供信息化支持。我们研究计算机编码技术，主要就是为实现这一目的。

对住宅部品构件进行分类，确定其在部品体系中所处的位置，是工业化背景下人们正确理解住宅部品、使用部品的重要信息。部品的编码（编码的代码值）是部品的唯一性标识，是住宅部品的信息模型中最重要的属性信息。住宅部品的分类与编码是实现住宅全生命周期信息化管理的基础，也是工业化背景下住宅产品维护更新重要的、不可或缺的环节。对装配式建筑部品进行信息化管理，首先需对部品进行分门别类，然后才能在此基础上对其进行编码。

6.2.1 装配式建筑构件的分类系统

6.2.1.1 装配式建筑构件的分类与构件法

建筑信息化管理的基础是前文所述"构件法"思想。根据"构件法"设计方法，装配式建筑构件可分为结构系统、外围护系统、内装系统、设备与管线系统等四大类。构件法的重要性质是，在建筑项目信息管理系统中，以建筑构件为基本单位，根据建筑各构件组的生产装配和运营管理需求输入该构件的各种数据，由此即可建立以构件为基础的建筑项目信息管理平台。对于以建筑构件为基本对象的装配式建筑维护更新，构件管理的平台建设具有重要意义。

6.2.1.2 装配式建筑构件分类的意义

利用构件法对构件组进行编号分类管理，对于 BIM 系统的建筑构件信息采集与输入、物料及工程量统计、建筑施工、住宅建筑维护更新，以及全生命周期的信息管理等均具有重要意义。

1. 根据"构件法"思想将构件进行分类，有利于从方案设计阶段开始整合各协同单位的构件产品。根据分类可以清楚划分协同设计的工作界面，在日后对单个构件进行维护更新时可避免构件与构件之间衔接产生的问题。

2. 根据"构件法"思想，可建立自上而下逐级分解的装配式建筑构件分解系统，形成层级明晰的装配式建筑构件分类表，从而为装配式建筑构件库的搭建奠定基础。

3. 在协同设计时，可对同一组中的建筑构件进行统筹设计与研发，互相协调，达到事半功倍的效果。在大型建筑设计中，可将设计人员分成若干小组，每组负责一个构件组的设计与协同，进而整合成一个完整的建筑设计。这样即可做到多组同时推进，高效率完成协同设计，为协同建造奠定良好的技术和产品基础。这就是"构件法"思想的重要意义。

6.2.1.3 装配式建筑构件分类表

将建筑构件进行分类，是装配式建筑"构件法"思想的基础。本教材首先针对装配式建筑领域中常用的"预制预应力混凝土装配整体式框架结构（简称世构体系）"的"构件法"设计、构件生产及施工安装的特点，进行市场调查与资料收集，按照软件工程的工作流程与方法进行构件的用户需求分析，同时参考国内外针对基于 BIM 技术的建筑协同设计所做的研究，最终确定所需构件的内容、范围和数量。根据装配式建筑"构件法"思想，我们将装配式建筑的全部构件分为结构系统、外围护系统、内装系统、设备与管线系统等四大部分，据此构建装配式建筑构件分类表（图 6.2-1）。

以南京浦口区江浦街道巩固 6# 地块保障房二期工程（PC 人才公寓）项目试点为例，进行基于世构体系的 BIM 应用，并依据此表和"构件法"开展相关深化设计、施工管理、构件生产的研究工作。在此基础上，我们进一步参照住房和城乡建设部颁布实施的《建筑产品分类和编码》（JG/T 151—2015）以及住房和城乡建设部住宅产业化促进中心发布的住宅部品分类体系，又编制了装配式建筑构件分类统计表和装配式建筑构件类别编号等两个表，形成了一套关于装配式住宅建筑的构件类别编号系统，这对最终形成用于装配式建筑的计算机编码技术体系，并构建装配式建筑信息管理平台有很大帮助。

6.2.2 装配式建筑构件库及参数体系架构

我们可在装配式建筑构件分类表基础上建立工业化装配式建筑构件库，这是实施"构件法"设计的必要性基础。

6.2.2.1 构件库的建立

1. 技术方法

通过有效的数据结构分析和数据存储功能开发，不仅可实现构件设计的标准化和参数化，还可提高构件设计效率，并实现预制构件设计、生产

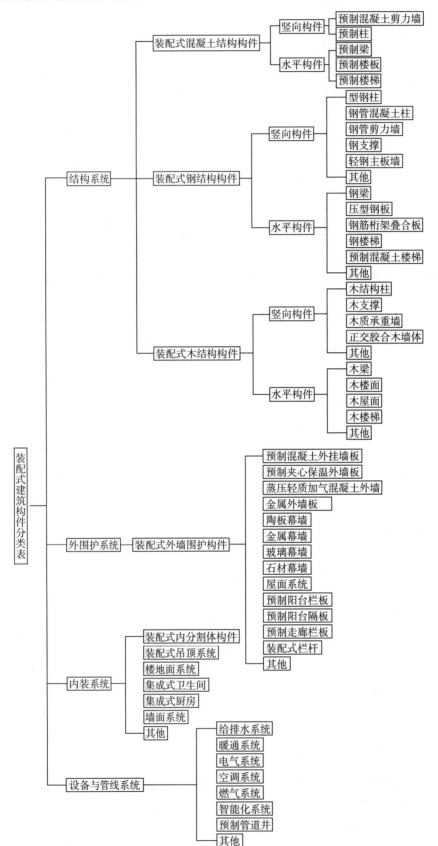

图6.2-1 装配式建筑构件分类表

(图片来源：作者根据"构件法"及相关资料绘制)

和施工的信息传递，以提高各专业、各阶段的协同作业效率。同时，实现构件的标准化和参数化，是建立构件库的重要基础。

2. 族库构建

本书所应用的 BIM 软件主要是 Revit 软件。族库的构建，是使用 Revit 软件建立 BIM 模型的一个重要步骤和核心内容。因此，在 BIM 中建立构件库，最重要的途径与手段就是 Revit 族库的构建。Revit 软件最重要的特点就是"族"的使用。Revit 族是一个包含通用属性集和相关图形表示的图元组。一个族中不同图元的属性可能有不同的值，但属性的设置是相同的，由此组成"属性集"的概念。"族"功能是 Revit 软件的核心功能之一，可以帮助设计者更方便地管理和修改所搭建的模型。Revit 软件自带族文件，每个族文件内都含有很多参数和信息，如尺寸、形状和其他的参数变量设置，对设计者快捷修改项目相关参数有所裨益。

Revit 软件中的族一般分为三大类：系统族、标准构件族和内建族。

系统族是在 Revit 软件中预定义的族，包含基本建筑构件，如墙、板、梁、柱等。系统族可以复制和修改，但不能新建。

标准构件族（简称构件族）是 Revit 软件中种类最多的族，它包括了建筑中的各种预制构件，如门、窗、雨棚、室内设施等。在使用 Revit 软件时，既可以复制和修改已有的构件族，也可以创建新的构件族。可以说，Revit 软件中最复杂的就是构件族的使用。

内建族可以是特定项目中的模型构件，也可以是注释构件，一般是起到辅助作用的族。

为了方便使用，Revit 软件将族文件按用途、专业等归类整列，由此形成 Revit 族库，如系统族库、构件族库等。族库的构建，可以大大方便 Revit 软件的使用和 BIM 模型的制作。本文通过深入分析当前建筑行业 BIM 族的制作标准和样例，收集整理"预制预应力混凝土装配整体式框架结构（世构体系）"所应用的标准、工艺及相关规范图集，建立针对性的族制作标准和族库建立标准，依据这些标准，即可选择具有针对性和代表性的构件及相关组件，进行族的制作与族库的设计和构建工作。

6.2.2.2 参数体系架构

1. 参数体系构成

前文已指出，实现构件的标准化与参数化是构件库建立的重要基础。参数从数学角度上来说即函数的因变量，建筑参数就是建筑物各种因变量的集合。建筑全生命周期各个阶段涉及的因变量集合构成建筑参数，形成一个庞大的数据库，在不同的时间段内、空间地域内，形成不断变化的参数集，比如一根梁，设计阶段需要尺度、材质、建筑物理性能等参数，施工阶段需要价格、进场时间、堆放场地等参数，运营维护阶段需要使用年限、日常维护人员等参数。针对这些建筑参数进行的设计即建筑参数化设计。这些由建筑各个阶段不同参数构成的建筑体系就是建筑参数体系。正是由于参数体系的存在，才使得BIM对建筑全生命周期的信息化管理成为可能，因此参数体系对于BIM具有至关重要的作用。

BIM是装配式建筑构件编码的重要工具，因此参数体系架构是装配式建筑构件编码的重要环节。以项目自身的构件群体为基础，建立服务于项目的构件编码体系，首先需要确定关联构件的参数名称、类型，以及分组方式。当以BIM族为主要参数时，在使用过程中应根据需要实时修改参数，如对象的长度、宽度、高度等。当参数为辅助参数时（不需要修改或很少修改，一般情况下作为运算过程参数，其通过公式随主要参数可自行参变），其命名可选用简单的中文名称或特定代号，如YZQ（预制剪力墙）、YZZ（预制柱）、YB（预制楼板）等等。

2. 构件管理思路

当使用Revit软件建立BIM模型并建立相应的族库后，若用该模型对项目进行设计、施工和运营管理，必须同时满足三个方面的要求：① 预制构件设计阶段运用Revit族文件建模及出图；② 添加预制构件的中华人民共和国国家标准（简称国标）清单计算量及施工阶段的信息；③ 记录运营维护阶段各类信息的应用情况，并应注意与其他专项管理软件衔接。这时就需要建立基于项目的Revit构件库。

3. 基于项目的Revit构件库

（1）材质库

对材质图形和外观进行设置，同时根据国家节能相关资料重点增加物理和热度参数，便于进行节能和冷热负荷计算。材质库中应设立以下内容：根据国家规范、图集标注材质和做法；补施工中用到的材质贴图图片及照片；为结构负荷计算提供材料物理性能参数；为冷热负荷计算、能耗分析等提供材料热工性能参数。

（2）系统族库

前文已指出，系统族是包含基本建筑构件的族。系统族库以国家建筑标准设计图集《工程做法》（05J909）为参照，制作墙、地面、楼板及屋顶等部品的系统族文件，并在族文件中直接添加分层材质的相关注释。

（3）构件族库

构件族就是前文介绍的标准构件族，是Revit软件中种类最多的族。构件是建筑的最小单位，构件管理在住宅建设中尤为重要。在BIM软件中，各种类型的构件族组成了构件族库，如门族库、窗族库等。构件族库对Revit族进行了重新分类，统一制作标准，实现出图、国标清单计算量及信息管理的统一。其内容包括：统一构件族目录、以该项目为基础增加族样板（约60个）、统一族命名规则、统一制作流程和相关标准（包括插入点、参数分组方式、参数命名等）、添加国标清单的项目编码，并通过嵌套族实现分类统计、统一添加施工运营维护阶段的各类信息参数、信息参数统一采用共享参数的管理方式，信息管理可根据需要进行定制、添加及修改。

6.2.2.3 物料跟踪

所谓物料跟踪，是指从原材料的采购、原材料入库、生产流程中的制品管理，以及成品入库到产品的配送交付流程，对上述全流程中的物料进行跟踪。对装配式建筑产品实行物料跟踪，是提高装配式建筑建设质量、实现装配式建筑信息化管理的重要保证，也是装配式建筑产品可维护更新的重要技术基础。

1. 二维码跟踪

通过BIM技术生成的构件二维码可用来对物料进行跟踪，这是对传统构件管理方式的升级，使得信息的采集和汇总更具时效性和准确性。首先，通过云平台将已有的项目模型上传到云端，系统将根据模型的内置ID号自动生成相应二维码，并打印张贴。构件张贴二维码后即可实时跟踪其状态，线下查询出库、安装等阶段信息。管理人员可在线上实时查询、管理构件信息及相关资料。通过BIM5D（一种基于BIM的施工过程管理工具，5D就是传统的三维模型加上时间进度及成本控制）平台，可实现全部装配式构件线上跟踪，精准掌握每个构件当前状态，为项目实现"零库存"提供有力保障，每批构件从加工厂运输到现场后，不需经过存放，可直接进行吊装。所形成的构件二维码体系对日后的住宅维护更新也有很大帮助，通过该体系结合前文提到的日常点检系统，可随时了解所有构件的实时状况，一旦构件出现问题，即可在第一时间了解该构件的所有信息，并制定相应的维护更新策略，大大提高维护更新的工作效率和准确性。

2. 监管编码与原工厂编码的关系

构件生产企业对所生产的构件进行编码，以此可区分不同种类的构件，避免相互混淆，方便日后监管。监管编码的研发工作需要与原工厂的编码进行校对整合。

原工厂编码与监管编码并不存在一一对应关系，前者为类型编码，代表某种类型的全部构件，此编码应由工厂给出；而后者为唯一编码，代表某个具体的构件，为全球唯一的识别码。因此在由单个构件生产商参与的项目中，代表某种类型全部构件的工厂编码的范围要大于代表某个具体构件的监管编码。如表6.2-1所示，工厂编码是一个独立的完整编码，而构件的监管编码包含构件分类、标高编号、轴网编号、位置编号和材质体积等五项内容。

截至目前，国内尚未出台构件监管编码的编制规则，笔者所在工作室旨在建立一套能用于装配式建筑信息监管平台的编码规则，并已取得了初步成果，稍后将在这方面作进一步介绍。

表 6.2-1 工厂编码与监管编码对照表

A	B	C	D	E	F
工厂编码	监管编码				材质体积
	构件分类	标高编号	轴网编号	位置编号	
3-DBS2-67-8-3					
3-DBS2-67-8-3	JG-HNTGJ-DHB	R/4.500	E6-D7	V1	0.01
1 3-DBS2-67-7-1					
3-DBS2-67-7-1	JG-HNTGJ-DHB	R/4.500	E2-D3	V2	0.01
3-DBS2-67-7-1	JG-HNTGJ-DHB	R/4.500	E2-D3	V3	0.01
3-DBS2-67-7-1	JG-HNTGJ-DHB	R/4.500	B6-A7	V3	0.01
3-DBS2-67-7-1	JG-HNTGJ-DHB	R/4.500	B6-A7	V2	0.01
4 3-DBS2-67-6-1					
3-DBS2-67-6-1	JG-HNTGJ-DHB	R/4.500	D2-C3	V2	0.01
3-DBS2-67-6-1	JG-HNTGJ-DHB	R/4.500	D2-C3	V3	0.01
3-DBS2-67-6-1	JG-HNTGJ-DHB	R/4.500	C2-B3	V2	0.01
3-DBS2-67-6-1	JG-HNTGJ-DHB	R/4.500	C2-B3	V3	0.01
3-DBS2-67-6-1	JG-HNTGJ-DHB	R/4.500	B2-A3	V3	0.01
3-DBS2-67-6-1	JG-HNTGJ-DHB	R/4.500	B2-A3	V3	0.01
3-DBS2-67-6-1	JG-HNTGJ-DHB	R/4.500	D6-C7	V2	0.01
3-DBS2-67-6-1	JG-HNTGJ-DHB	R/4.500	D6-C7	V3	0.01
3-DBS2-67-6-1	JG-HNTGJ-DHB	R/4.500	C6-B7	V2	0.01
3-DBS2-67-6-1	JG-HNTGJ-DHB	R/4.500	C6-B7	V3	0.01
3-DBS2-67-6-1	JG-HNTGJ-DHB	R/4.500	E6-D7	V3	0.01
3-DBS2-67-6-1	JG-HNTGJ-DHB	R/4.500	E6-D7	V2	0.01
12 3-DBS2-67-2-2					
3-DBS2-67-2-2	JG-HNTGJ-DHB	R/4.500	E1-D2	H3V1	0.01
3-DBS2-67-2-2	JG-HNTGJ-DHB	R/4.500	E1-D2	H2V2	0.01
3-DBS2-67-2-2	JG-HNTGJ-DHB	R/4.500	B1-A2	H3V1	0.01
3-DBS2-67-2-2	JG-HNTGJ-DHB	R/4.500	B1-A2	H2V2	0.01
3-DBS2-67-2-2	JG-HNTGJ-DHB	R/4.500	D3-C4	H3V1	0.01
3-DBS2-67-2-2	JG-HNTGJ-DHB	R/4.500	D3-C4	H2V2	0.01
3-DBS2-67-2-2	JG-HNTGJ-DHB	R/4.500	B3-A4	H2V2	0.01
3-DBS2-67-2-2	JG-HNTGJ-DHB	R/4.500	B3-A4	H3V1	0.01
3-DBS2-67-2-2	JG-HNTGJ-DHB	R/4.500	B4-A5	H2V2	0.01

表格来源：作者根据所在工作室资料绘制

6.2.3 构件编码规则与技术实现措施

不同类型的构件处于一个系统中，相互容易产生混淆，为了识别不同构件，需要对其进行命名，并对各项相关属性信息进行准确定义。这就是构件编码的意义。

由于构件相互之间存在信息交换，为了方便信息处理并保证信息接收的各方能够正确理解该信息而不至产生误解，也需要制定统一的编码系统，以此提高信息的传输效率和准确度。

构件编码这一工作应当在设计阶段就得到贯彻执行，这样才能在后续的生产建造中发挥作用。

6.2.3.1 现有编码体系与监管

1.国外的编码体系

最早在建筑设计和施工中对建筑构件进行编码分类的实践出现在第二次世界大战之后的英国，当时为解决战后教育资源短缺等问题，需要在尽量短的时间内完成大量校园重建和改扩建项目。为了控制成本、提高生产效率，以及减少沟通中的错漏，英国皇家特许测量师协会（Royal Institute of Chartered Surveyors，RICS）制定了统一的工程量计算标准与建筑构件分类标准，并在英联邦地区、欧洲其他地区，以及北美地区得到一定程度的推广，我国建筑业对此亦有所借鉴。

英国皇家建筑师学会（Royal Institute of British Architects，RIBA）从1961年便开始持续更新并维护 CI/SfB 标准建设系统（Construction Index/Standard for Buildings）。后者为建筑行业内部进行信息交流的一种通用语言，使用建筑物理位置、构件、内部材料和施工活动这四个部分组成一条具体的建筑信息条目，每部分对应具有标准对照的栏位，栏位内对应着各个分项的代码，例如 32、27、St、D4 这一信息条目中所代表的内容如表 6.2-2 所示。

表 6.2-2 CI/SfB 系统的信息条目释义举例

代码	含义
32	办公室
27	屋顶
St	安装屋面瓦所使用的连接材料
D4	切割、加工、安装

表格来源：作者自绘

由表 6.2-2 可以看出，所示编码系统较为笼统，特别是所有信息代码集中在一起，较容易产生混淆。因此在具体实践过程中，研究人员在CI/SfB系统的基础上进行功能拓展，分别建立了纲要码（Master Format）、元件码（Uni Format）和总分类码（Omni Class）等编码系统。这三种编码系统是由美国和加拿大的相关研究部门研发，其中纲要码最早产生，目的在于建立工程规范的标准化分类系统，以供工程招标承包、编制工程预算和单价分析等使用，并提高上述过程的信息传递与获取的效率。纲要码的编码分类方法是基于行业内普遍成熟的建造施工体系建立的，因此无法对具有前沿创新性的建筑体系进行编码处理，这也是此种编码系统的不足之处。随后出现的元件码旨在对建筑基本元件进行分类，从而为建筑项目的经济评估提供帮助。元件码的重要特点是可以通过与行业内常用造价测算数据的对接，在前期设计时就能够对后续工作进行较为准确的测算。其不足是由于建筑业的快速发展，涉及的行业和范围也越来越广，因此元件码也无法将所有建筑组成要素都囊括在所包含的库中。总分类码要比前两种编码系统的信息范围更加广泛，其建立意图就是要弥补以往各种分类系统的不足，希望建立一个比以往编码系统都更为庞大全面的分类体系，并留有足够的拓展空间。这三种编码系统各有侧重，对我们进行构件法设计并建立相应的编码系统很有裨益。

（1）纲要码

纲要码是由美国建筑标准学会（Construction Specification Institute，CSI）与加拿大建筑标准学会（Construction Standard of Canada，CSC）在1972年颁布的针对建筑施工的编码体系，该体系将工程施工项目分为00到16这17个大类，表6.2-3为1999年颁布的分类表。

表6.2-3 纲要码（Master Format）编码体系的工程施工项目分类表（1999年版）

序号	项目分类	序号	项目分类
00	招标文件与合同	09	装修
01	一般要求	10	特殊设施
02	现场工作	11	设备
03	混凝土	12	装潢
04	砌体	13	特殊结构
05	金属	14	输送系统
06	木材和塑胶	15	机械
07	隔热和防潮	16	电机
08	门窗		

表格来源：作者根据美国建筑标准学会CSI资料库整理绘制

纲要码（Master Format）目前由CSI负责扩充与修订，采用付费使用的方式每年发布。由于建筑产业和相关配套行业的发展，原先的17个分类已经无法满足使用需求,因此于 2004 年将其扩充为 50 个大类并一直沿用至今。目前为 00 到 49 总共 50 个大类,但是在公开版本中进行了一定程度的预留,第 15、16、17、18、19、20、24、29、30、36、37、38、39、47、49 等 15 大类为预留项,以待未来进一步扩充,因此现在共有 35 个大类供使用,2016 年最新的分类如表 6.2-4 所示。

表 6.2-4　纲要码(Master Format)编码体系的工程施工项目分类表(2016 年版)

采购群组	00 招标文件与合同			
要求群组	01 一般要求			
建筑设施群组	02 现场工作	03 混凝土	04 砌体	05 金属
	06 木材和塑胶	07 隔热和防潮	08 门窗	09 装修
	10 特殊设施	11 设备	12 装潢	13 特殊结构
	14 输送系统			
设施服务群组	21 灭火设施	22 管道	23 暖通空调	25 自动化设施
	26 电气	27 通信	28 电子安保设施	
基地基础设施群组	31 土方作业	32 外部环境治理	33 工具	34 交通运输
	35 航道和海岸			
处理设备群组	40 相互连接处理	41 材料加工处理	42 加热冷却干燥设备	43 废气废水处理
	44 废弃物污染处理	45 制造业设备	46 水处理装置	48 发电装置

表格来源:作者根据美国建筑标准学会 CSI 资料库绘制

　　建设项目使用诸多不同种类的交付方式和部品构件安装方法,上述这些过程均有一个共同点,即需要参与的各方能有效协作,以保证工作能正确及时完成。而项目的成功完成需要各方高效沟通,这就需要能够以简单的方式对重要项目信息进行访问。只有各方人员均使用标准文件系统时,才能进行有效的信息检索。Master Format 即是提供这种标准的归档和检索方案,其主要应用在施工结束后,可直接对工程施工的方法和材料进行表述,进而与施工成本数据进行关联。从成本计算的角度来看,某一特定的建筑材料只在 Master Format 中出现一次,只有这种唯一性才能便于统计计算。

　　需要指出的是,Master Format 的编码分类方法是基于行业内普遍成熟的建造施工体系建立的,因此对于具有前沿创新性的建筑体系无法在第一时间进行编码处理,这也是 CSI 每年对其进行更新的原因。另外,将 2016 年版分类表与 1999 年版对比,可以发现 CSI 努力将 Master Format 系统变得更庞大和更全面。后续拓展主要体现在广度方面,目前已拓展至工业和特种行业部分,但与民用建筑领域交互的编码部分并没有得到实质性扩展。

(2)元件码

　　元件码是美国和加拿大对建筑物种类、造价估算和造价分析进行分类的一种标准,其内部组成的元素都是大量普通建筑的主要构件。这套分类体系主要被用于为建筑项目的经济评估提供持续帮助。其发展得到了建筑产业和政府的共同扶持,已经作为标准被广泛认可。

早在1973年,加拿大汉斯科姆(Hanscomb)造价咨询公司就在美国建筑师学会(The American Institute of Architects,AIA)的委托下开发了一个名为主要成本(Master Cost)的造价评估系统。管理政府建筑项目的美国总务管理处(U. S. General Service Administrator,GSA)在此基础上继续拓展了此系统。最终GSA和AIA在此系统上达成一致,并将其命名为Uni Format(元件码)。两者分别从不同侧面对其进行使用,AIA利用其进行实际项目建设管理,而GSA则使用其满足在项目预算中的需求,当时Uni Format并没有上升为行业标准。

为了弥补建筑造价咨询领域没有行业标准的缺憾,美国材料与试验学会(American Society of Testing and Materials,ASTM)于1989年开始在Uni Format的基础上研究发展了对建筑基本元件进行分类的标准,并且重新命名为Uni format II后公之于世,这是其作为行业标准第一次被颁布。而在1995年,美国建筑标准学会和加拿大建筑标准学会了避免混淆带来歧义,将其名称修改为Uni FormatTM,并正式注册成了CSI和CSC的商标,其编号为ASTM E1557-93。之后两个标准学会在2010年对其进行了修订,编号为ASTME1557-97。

元件码的编码结构目前已经发展出四个层次。其分类理念是将构成建筑的基本组件进行分级式划分。该编码系统是一个对建筑构件和现场作业进行分解和编码的标准格式体系,其建筑组件拆分方式以建筑的物理构成为出发点,对设计要求、成本资料和建造方法等方面的信息进行组织。元件码编码体系按照从高级到低级的方法分为Level1到Level4共4级(表6.2-5)。

表6.2-5 元件码编码体系的层级示意表

Level1 主群组元素	Level2 组元素	Level3 单体元素	Level4 子元素
A 下部结构	A10 基础	A1010 一般基础	—
		A1020 特殊基础	—
		A1030 地面板	—
	A20 地下室	A2010 地下室开挖	A2010100 地下室开挖 A2010200 结构回填夯实 A2010300 支撑
		A2020 地下室墙体	—
B 外壳	B10 上部结构	—	—
	B20 外墙	—	—

续表

Level1 主群组元素	Level2 组元素	Level3 单体元素	Level4 子元素
B 外壳	B30 屋顶	—	—
C 内装	—	—	—
D 附属设施	D10 输送系统	D1010 升降梯	—
		D1020 手扶梯	—
		D1090 其他输送机	—
	D20 水管	D2010 卫浴设备	—
		D2020 生活用水管	—
		D2030 污水管	—
		D2040 雨水排水管	—
		D2090 其他水管	—
	D30 暖通空调	D3010 电源供应	—
		D3020 暖气系统	—
		D3030 冷气系统	—
		D3040 管线系统	—
		D3050 送风口设备	—
		D3060 主控机组	—
		D3070 系统控制	—
		D3090 其他空调设备	—
	D40 消防	D4010 消防喷头	—
		D4020 消防栓	—
		D4030 防火卷帘	—
		D4090 其他消防设备	—
	D50 电力	D5010 电力线路	—
		D5020 照明线路	—
		D5030 通信安保线路	—
		D5090 其他电力线路	—
E 设备装潢	—	—	—
F 特殊施工和拆除	—	—	—
G 建筑基地作业	—	—	—

表格来源：作者根据美国建筑标准学会 CSI 资料库绘制；Level1 类别总数为 7，Level2 类别总数为 22，Level3 类别总数为 79，Level4 类别总数为 518。

如表 6.2-5 所示，Level1 为主群组元素，是级别最高的组，以大写英文字母 A 到 G 为具体代码，依次分别为下部结构（A）、外壳（B）、内装（C）、附属设施（D）、设备装潢（E）、特殊施工和拆除（F）和建筑基地作业（G）等 7 个主群组元素（Major Group Elements）；Level2 代表常规概预算所涉及的 22 个组元素（Group Elements），表述方式为 Level1 后面加上两位阿拉伯数字，例如 A10 和 A20 分别代表结构所属的基础和地下室；Level3 为单体元素（Individual Elements）共 79 类，代码为 Level2 的代码再加上两位阿拉伯数字，如 A2010 为地下室开挖；Level4 为子元素（Sub-Elements），代码为 Level3 的代码再加上三位阿拉伯数字，如 A2010200 表示结构回填夯实，所有代码按照最新的 ASTME1557-09 版本所列共 518 项。

Uni Format 体系的使用能够在一定程度上提高建筑设计和施工方面的信息共享程度，尤其在造价估算方面，在与行业内常用的造价测算数据正确对接的情况下，在前期设计时就能够对后续工作进行较为准确的测算。只是由于建筑业的快速发展，涉及的行业和范围也越来越广，因此 Uni Format 无法将所有建筑组成要素都囊括在所包含的库中。而最新颁布的 ASTME1557-09 版本作为行业标准也仅仅包含 518 个子项，扩充和更新工作目前只能由美国建筑标准学官方进行，其更新速度往往无法满足行业的现实要求。

（3）总分类码

美国 BIM 标准在国际词汇框架（International Framework of Dictionaries，IFD）下，于 2006 年提出了建筑信息的整体分类方法——总分类码（Omni Class），总分类码要比纲要码和元件码所包含的信息范围更加广泛，其建立意图是弥补以往各种分类系统的不足，希望建立一个比以往编码系统都更为庞大全面的分类体系。其内容包括建筑环境中的所有空间、实体物件、人员、机具和所有行为（包括建筑的生产和施工，以及合同签订等）。在使用建筑信息模型软件时，上述资讯可以通过不同种类的总分类码形式，放置在具体构件的属性信息中。

总分类码是以多个层面表示建筑信息的分类方法，具体表述为以两位阿拉伯数字为一层，采用多个层级的数字编码来描述物体特征，实际使用时不同层级的物体也能够找到其对应的编码数值。如从宏观的建筑项目类别来讲，11-12-24-00 代表高等教育机构，内部有 11-12-24-11 综合大学、11-12-24-13 商学院、11-12-24-14 科技学院、11-12-24-17 农业学院和 11-12-24-21 艺术学院等等。也可按照设计用途、产品类别、工作成果、功能空间等划分，具体如表 6.2-6 所示。其中 21 号为建筑元件，等同于 Uni Format；22 号为工作成果，等同于 Master Format。总分类码的一些分表已经作为美国国家标准颁布使用。总分类码在制定编码的过程中充分吸取纲要码和元件码在制定及使用过程中的经验，在各个层级均为后续的编码拓展预留了空间，不仅为大类划分预留出足够空间，甚至对各级编码也均为不连续设定。如在初始设置编码阶段所有的编码尾数均为奇数，如 01 后面依次为 03、05、07、09，将其偶数位置留给未来扩展使用。CSI 也一直在进行各分类编码库的修订和扩充工作，尽可能囊括所有行业内的信息条目。因此总分类码数据库的体量日渐庞大，目前在官网上可采取分类下载的方式获取对应的总分类码数据。总分类码算上大类总共有 7 个层级，并不是所有层级都需要被用足才能表述相应的信息，事实上绝大部分的条目都没有使用到第 7 级，但是不足 4 级则需要在后面以 00 的方式补足到第 4 级。如商品混凝土 23-13-31-13 使用到了第 4 级，预应力钢绞线 23-13-31-21-13-11-13 则使用到了第 7 级，但是就对象本身而言，两者所代表的物体层级一样，不存在包含与被包含的关系。只有前段数字相同的编码条目之间存在包含关系，编码短的条目物体层级高于编码较长的条目，如混凝土结构产品 23-13-31 包括上述商品混凝土 23-13-31-13 和预应力钢绞线 23-13-31-21-13-11-13。

表 6.2-6　总分类码编码体系构成类别表

表号	英文名称	中文名称	例子	发布类型	最新发布日期
11	Construction Entities by Function	功能划分的建筑实体	学校、车站、美术馆	待审批草案	2013-02-26
12	Construction Entities by Form	形体划分的建筑实体	高层建筑、大跨度建筑、单层建筑	待审批草案	2012-10-30
13	Spaces by Function	功能空间	厨房、办公室、卧室	国家标准	2012-05-16
14	Spaces by Form	类型空间	中庭、楼梯、房间	仅发布	2006-03-28
21	Elements	元件	等同元件码	国家标准	2012-05-16
22	Work Results	工作成果	等同纲要码	国家标准	2013-08-25
23	Products	产品	马桶、冰箱、电视	国家标准	2012-05-16
31	Phases	阶段	设计阶段、实施阶段	待审批草案	2012-10-30
32	Services	服务	设计、估价、测绘	国家标准	2012-05-16
33	Disciplines	专业	建筑设计、景观设计	待审批草案	2012-10-30
34	Organizational Roles	组织角色	业主、建设方、设计师	待审批草案	2012-10-30
35	Tools	工具	汽车吊、塔吊、扳手	草案	2006-03-28
36	Information	信息文件	规范、技术手册	国家标准	2012-05-16
41	Materials	材料	混凝土、玻璃、塑料	待审批草案	2012-10-30
49	Properties	性质	长度、颜色、重量	待审批草案	2012-10-30

表格来源：作者根据美国建筑标准学会 CSI 资料库绘制

我们通过分析研究上述三种国外编码系统，认为这三种编码系统的编制分别是基于不同的编制方法：纲要码是按照材料、工艺与工种划分；元件码是按照建筑部位或功能划分；而总分类码则是结合两者的特点综合划分。这些编码系统的划分原则对日后我国研发编制自己的编码系统具有重要参考价值。

2. 国内的编码体系与信息监管

信息的检索、存储、传递都离不开代码。我国对代码的定义为："代码是一组有序的符号排列，它是分类对象的代表和标识。"信息编码是将表示事物（或概念）的某种符号体系转换为便于计算机和人识别、处理的另一种符号体系，或在同一体系中，由一种信息表示形式转变为另一种表示形式。

信息分类和信息编码是两项相互关联的工作，这两项工作应分清先后顺序。只有科学实用的分类才可能设计出便于计算机和人识别、处理的编码系统，因此应先分类后编码。

随着我国建筑行业和信息技术的发展，我国政府也越来越认识到制定统一的建筑产品分类和编码系统的重要性。近年来，在参考国外编码系统的基础上，住房和城乡建设部也出台了一系列相关的法规条文和行业标准。如2002年建设部住宅产业化促进中心建议的住宅部品分类体系就参考了元件码的分类和编制方法；2003年，建设部颁布实施的《建筑产品分类和编码》（JG/T 151—2003）则参考了纲要码的分类和编制方法。此后，由于纲要码在2012年进行了修订，且美国又出台了更为详尽的总分类码，住房和城乡建设部又重新修订颁布了《建筑产品分类和编码》（JG/T 151—2015），取代2003年版。这些法规条文和行业标准的出台，在我国建筑行业信息化过程中发挥了积极的推进作用。

构件是装配式住宅建筑的最小单位，构件信息管理对装配式住宅建筑的发展至关重要，而构件信息管理离不开编码系统，因而编码技术可谓是装配式住宅建设的核心技术。近年来，随着装配式住宅建筑的兴起，我国急需出台针对装配式住宅建筑编码系统的法规条文，住房和城乡建设部也正在号召业内相关专家、学者进行相关的编制工作，但目前尚未形成一套完整的、受到广泛认可的装配式住宅建筑编码系统。笔者所在工作室（笔者本人也主要参与这项工作）正是在参考借鉴国外纲要码、元件码和总分类码的基础上，以住房和城乡建设部的一系列法规条文为指导，并以"构件法"思想为核心，提出并制定了适合装配式建筑构件的编码原则和编码格式，最终形成了一套计算机编码技术体系。

从总体上看，我国装配式住宅建筑的施工方案主要是以设计为导向，但在设计过程中，并没有对构件制作和施工安装的需求进行充分考虑，以至于在后期构件生产、施工装配过程中，设计与施工之间容易发生冲突和碰撞，不仅影响住宅产品的质量，也给日后的维护更新工作带来困难。此外，设计方对设计质量缺乏严格把关和监管，在实际制作和施工过程中，各责任方有可能未达到既定的质量目标，以至影响工程的进度和质量。要解决这些住宅建筑质量管理问题，需要各方协同合作，并建立质量监管体系，笔者所在工作室建立的南京市建筑产业现代化信息监管平台就很好地解决了这方面问题，我们在后文将进行具体介绍。

6.2.3.2 构件编码原则

我们在建立装配式建筑信息监管平台时，为了方便起见，将构件编码作为其构件监管编码。因此，构件编码的编制工作对建筑产业现代化信息监管平台的建立至关重要。构件编码的编制原则如下：

1. 唯一性

唯一性是构件编码最重要的原则，也是制作构件编码的前提条件。虽然一个编码对象可以有很多不同的名称，也可以按各种不同方式对其进行描述，但是在一个编码标准中，每一个编码对象仅有一个代码，一个代码只表示一个编码对象，即代码与所标识的信息主体之间必须具有一一对应关系。如果它是标识码，那么必须与事物对象一一对应；如果它是分类码，则应与分类结构中的类目一一对应；如果它是结构码，则必须与结构节点一一对应。

代码与信息主体之间的对应关系在系统的整个生命周期内不应发生变化。例如，住房和城乡建设部在2015年颁布实施的《建筑产品分类与编码》中，"S1"代表"专用设备"，那么在编码的应用中，两者要始终对应，不能更换。

2. 合理性

合理性是指编码应遵循相应的构件分类。例如，住房和城乡建设部在2013年编写颁发的《建设工程工程量清单计价规范》（GB 50500—2013）中，木门编码为"020401"，木门框的编码为"020401008"，这个代码体现了编码对象"房屋建筑与装饰工程""门窗工程""木门""木门框"的类别层次关系，后者相应的代码也体现其结构层次关系。

3. 简明性

简明性是指尽量用最少的字符区分各构件，以节省机器的存储空间，降低代码的错误率，同时提高机器处理的效率。

4. 完整性

完整性是指编码必须完整，不能有任何缺项。

5. 可扩展性

为了满足不断扩充的需要，必须预留适当的容量以备扩充。事物是不断发展的，在编码工作中，要为新的编码对象留出足够的备用码，而且要考虑新出现的编码对象与已编码对象之间的顺序关系。

6.2.3.3 编码格式

1. 基本编码格式

我们参考先前介绍的国外三种编码体系，并在住房和城乡建设部颁布实施的一系列法规条文指导下，将编码格式分为以下6段。

［项目编号］-［楼号］-［构件类别编号］-［层号/标高］-［横向轴网-纵向轴网］-［位置号］

（1）项目编号以施工许可证号为准，如果一个住宅小区分几期建设，必然有多个施工许可证，因此可用施工许可证来区分不同的项目。

（2）项目中不同的楼号，以实际项目中构件所属楼的编号为准。可以为数字编号，亦可为字母加数字编号，由项目的具体情况确定。

（3）构件类别编号是以构件分类中的分类编码为准，构件属于哪个分类，类别编码就是分类的编码。

（4）以层号与标高一同表示构件所处的楼层，例如2层的标高为3.6米，那么此段的表示方法为2/3.600。

（5）不同构件所在轴网中的位置不同，表示方法也有区别。例如柱子处于轴线交点，而梁可能是在轴线上或两条轴线之间。不同的位置也有不同的编码方式，例如，在轴线交点处的柱子表示为C3，在轴线上的梁表示为C3-C4，或C3-D3。处于轴网中间区块上的构件，则由左上角-右下角轴网编号表示，例如C3-D4。

（6）位置号有两种表示方式，从平面图上看，一种为横向排布，一种为纵向排布，横向排布的构件使用H作为前缀，纵向排布的构件使用V作为前缀，序号从1开始编号。因此构件的编号为H1或V2的格式。对处于轴网交点处的柱，此段的编码应为0。

2.构件编码实例

此处以江苏省南京市江宁实验房为例，将笔者所参与的构件编码进行实例演示。本项目编号为SDD-20170816，为独栋建筑（图6.2-2）。

如图6.2-3所示，以图中所选预制组合刚性钢筋笼混凝土L型梁为例，其编码为：［SDD-20170816］-［A1］-［JG-HNT-L］-［2/3.600］-［A1-B1］-［V1］。其中每项分别对应为：［项目编号］-［楼号］-［构件类别编号］-［层号/标高］-［横向轴网-纵向轴网］-［位置号］。

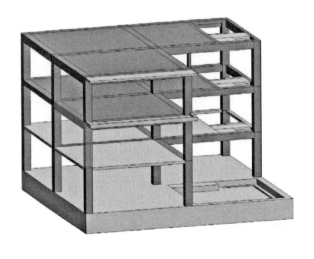

图6.2-2 江宁实验房BIM模型

（图片来源：作者所在工作室资料）

第六章　装配式建筑可维护更新的技术应用研究

图6.2-3　混凝土L型梁模型
（图片来源：作者所在工作室资料）

（1）项目编号由建设单位名称简称加上项目创建日期组成，此处为SDD-20170816。

（2）楼号由字母加数字组成，此处为A1。

（3）构件类别编号：由每个构件在构件库的具体编码组成，此处为结构体－混凝土－梁，因此为JG-HNT-L。

（4）层号/标高：此处为二层，标高为3.600，因此为2/3.600。

（5）横向轴网－纵向轴网：此处是位于轴网中间区块上的梁，则由左上角－右下角轴网编号表示，因此为A1-B1。

（6）位置号：竖向排布的构件使用V作为前缀，序号从1开始编号，此处的梁为横向排布构件，因此为V1。

又如图6.2-4所示，预制混凝土外挂墙板的编码为：[SDD-20170816]-[A1]-[WWH-HNT-WQB]-[2/3.600]-[C2-C3]-[H2]，其中每项分别对应为：[项目编号]-[楼号]-[构件类别编号]-[层号/标高]-[横向轴网－纵向轴网]-[位置号]。

（1）项目编号由建设单位名称简称加上项目创建日期组成，此处为SDD-20170816。

（2）楼号由字母加数字组成，此处为A1。

（3）构件类别编号：由每个构件在构件库的具体编码组成，此处为外围护体－混凝土－外墙板，因此为WWH-HNT-WQB。

（4）层号/标高：此处为二层，标高为3.600，因此为2/3.600；

（5）横向轴网－纵向轴网：此处是位于轴网中间区块上的外墙板，则由左上角－右下角轴网编号表示，因此为C2-C3。

（6）位置号：横向排布的构件使用H作为前缀，序号从1开始编号，此处为横向排布构件，因此为H2。

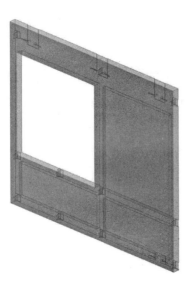

图6.2-4 混凝土外挂墙板模型
（图片来源：作者所在工作室资料）

6.2.4 计算机编码技术在装配式建筑可维护更新中的应用

传统住宅建筑的维护更新由于缺乏对构件信息的有效掌握和实时监控，如对于需要更换或维修构件的具体位置和损坏程度缺乏了解等，这就会造成对具体维护更新的工作任务也缺乏了解。计算机编码的实时跟踪系统可有效解决这个问题。计算机编码技术结合编码物料跟踪系统，使得每个构件都有源可溯，并能够实时监控，便于管理者随时了解构件信息，具有很高的效率和准确性。笔者根据此特点，将计算机编码技术应用于装配式建筑的可维护更新，利用这项技术可有效提高装配式建筑产品维护更新工作的效率和准确性，特别当装配式建筑的维护更新形成产业化运作规模时，这种"效率"和"准确性"至关重要。

基于BIM的计算机编码技术是一种新兴技术，正是通过BIM强大的信息处理手段和可视化技术，才能将计算机编码技术运用于装配式建筑的维护更新领域，并取得较大进展。通过这种编码技术，我们可以很清楚地掌握各个部品构件，可以快速、明了地对各个部品构件进行监控和追踪。一旦某构件出现问题，即可在第一时间了解问题构件的具体信息状况，并对其进行精确定位，这在传统住宅建筑中是无法做到的。可以说，计算机编码技术是装配式建筑可维护更新重要的技术手段。正是计算机编码技术实现了对各个部品构件高效的监控和追踪，我们才能建立后文所介绍的"信息监管平台"，并取得很好的应用成果。

6.3 构件信息跟踪反馈技术在装配式建筑可维护更新中的应用

前文已述,对装配式建筑产品实行构件信息跟踪反馈,是提高装配式建筑建设质量,实现装配式建筑信息化管理的重要保证,也是装配式建筑可维护更新的重要技术基础。将构件信息跟踪反馈与计算机编码系统相结合,形成构件信息跟踪反馈系统,则是对构件进行全流程跟踪的有效手段。形成构件信息跟踪反馈系统的核心技术是构件信息化技术和RFID对象标识技术。

6.3.1 构件信息化技术

工业化装配式建筑构件生产主要是工厂化离散制造。离散制造是以零配件组装或加工为主的离散式生产活动,由材料或建筑构件经过多个环节的装配或加工过程,建成最终的建筑产品。离散制造过程实际是一个经由"物料→零配件→构件→建筑部品→建筑成品"的物体流动过程。这个过程的关键是建筑构件信息化技术的应用,即利用先进技术实现对离散制造过程的流动进行跟踪与及时反馈,并依靠数据处理、集成与分发功能,实现整个建筑构件的流动与信息流的同步。这正是建立构件信息跟踪反馈系统的重要意义。

6.3.2 RFID对象标识技术

构件信息跟踪反馈技术主要依靠条码标识技术。条码技术也是应用得最为成熟和广泛的对象标识技术。由于条码具有易污染、易损坏、数据读取可靠性差等缺陷,使得其在离散制造业中的应用受到了限制。随着RFID技术的发展,其标识技术逐渐成为条码技术的替代对象。

RFID技术起源于第二次世界大战期间的敌我识别系统,是一种基于射频原理实现的非接触式自动对象标识技术。RFID技术以无线通信技术和大规模集成电路技术为核心,利用射频信号及其空间组合及传输特性,驱动电子标签电路发射其存储的数据内容,通过对存储数据内容的处理分析来识别电子标签所绑定的对象。典型的对象自动识别系统由四大部分组成,即后端数据处理计算机、读写器、电子标签和天线。

电子标签具有数据存储功能和可读写功能,能够实时记录被跟踪对象的动态信息,是一种有效的信息载体。基于对象自动识别技术的系统通过阅读器,可以对绑定在静止或移动目标上的标签进行快速、准确的数据采集,后端处理计算机在获取标签数据后,通过一定的预处理和分析,可准

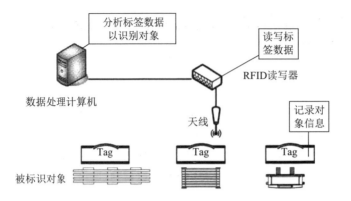

图6.3-1 基于RFID的对象自动识别系统
（图片来源：作者所在工作室资料）

确地识别目标。同时，由于采用了先进的技术原理和生产制造工艺，标签具有读取距离大、卡上数据可以加密、存储容量更大、存储信息更改自如、可多张同时被读取、标签上信息可以在运动中被读取，以及防水、防磁、耐高温、使用寿命长等优点。

在装配式建筑整个流程的监控中，通过给每个构件按规定赋予唯一的构件编码，并以RFID芯片的方式固定在构件统一的位置，从构件进入场内开始记录每一个构件的所处状态。工作人员可通过手持式RFID扫描器来扫描构件上的芯片，读取所需的信息资料，并可统一更改构件的状态信息，芯片内的信息最终通过数据流反馈到系统内（图6.3-1）。可以说，构件信息跟踪反馈系统的应用进一步丰富了构件的信息内容，由此即可对构件进行实时监控与信息反馈，使得日后住宅产品运营管理过程中的维护更新工作更加准确和高效。构件信息跟踪反馈技术是后文介绍的"信息监管平台"的重要支撑。

6.4 装配式建筑维护更新技术应用系统的建立

6.4.1 基于BIM的装配式建筑可维护更新技术应用系统

协同设计是基于BIM的装配式建筑可维护更新技术应用系统的基础，正是这种协同模式，才能使得一批优秀设计院、构配件生产制造商，以及施工企业等形成一个涵盖设计、生产、建造等环节的综合团队，由现代技术对整个产业环节进行协同处理，紧密合作，最终完成装配式建筑的设计、生产和建造。图6.4-1是基于BIM的装配式建筑技术应用系统，这套技术系统以BIM信息化技术为核心，以协同设计为主要设计手法，以计算机编码技术为主要技术手段，以构件信息跟踪反馈技术为辅助技术。这套技术系统可广泛应用于装配式建筑建设，亦可应用于装配式建筑的维护更新。

协同设计是装配式建筑产品可维护更新的基础。装配式建筑的维护更

第六章 装配式建筑可维护更新的技术应用研究

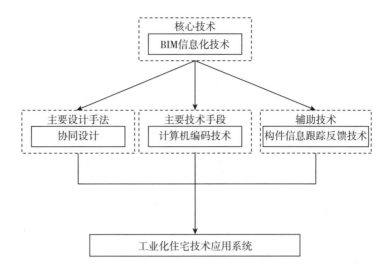

图6.4-1 装配式建筑技术应用系统的结构图
（图片来源：作者自绘）

新涉及住宅产业链上的各个部门，只有将设计、制造、装配、维护更新等各单位、各企业联合起来，协同合作，我国装配式建筑建设产业链的各项产业功能才能得以正常发挥。协同设计解决了很多在传统建设模式下无法解决的建造问题，如设计方与施工方的协同，部品生产与施工建造的协同，施工建造环节不同工种的协同，以及虚拟建造与实际建造的协同等，这些协同在装配式建筑的维护更新中同样存在，也同样重要。

计算机编码技术是这套系统的核心技术。传统住宅建筑的维护更新由于无法预知建筑物的状态而有很大的不确定性，是属于"不可控制"的环节，只能等到建筑构件出现问题时再被动地进行维修或是更换，这给住宅建筑的维护更新工作带来了很大的困难。而计算机编码技术的应用，使装配式建筑每个构件都有独立的编码，做到"有源可溯"，并能够随时监测建筑构件的状态。由此，装配式建筑的维护更新真正成为智能化"可控制"的环节，这是装配式建筑的维护更新与传统住宅建筑维护更新最大的区别。特别是当装配式建筑的维护更新发展到产业化运作规模时，这种智能化"可控制"环节更具有重要意义。

构件信息跟踪反馈技术是对协同设计和计算机编码技术的补充和辅助。该技术可以对构件进行精确定位，并可对构件信息进行实时跟踪与及时反馈，大大提升了维护更新工作的可行性与精准度。

笔者对这些技术在装配式建筑维护更新方面的应用进行研究，通过技术整合将这一技术系统用于装配式建筑的维护更新。当监管平台被纳入建设体系，或当建筑被纳入监管平台时，即表明该建筑的日常维护工作已经开始，平台中的协同机制即可根据部品构件运行状况的实时跟踪，确定需要维护更新的责任方，调出相应的部品构件并组织维护更新事宜，当然也可根据用户需求重复上述工作。对于批量化的工作需求，强大的协同机制当然也可以运作这种产业化需求。希望这套技术应用系统能够填补我国装配式建筑维护更新技术应用方面的空白，并在我国装配式建筑的建设方面发挥重要作用。

6.4.2 信息监管平台的建立

上文介绍了通过协同设计、计算机编码技术及构件信息跟踪反馈技术建立了可用于装配式建筑建设和维护更新的技术应用系统。该技术应用系统的应用情况主要通过我们项目团队所建立的信息化监管平台实施运作。

6.4.2.1 构建平台的思路与目的

为进一步提升装配式建筑质量和建造效率，并适应日后装配式建筑的维护更新发展需求，工作室在江苏省南京市政府的大力支持下，与南京市城乡建设委员会合作建立了南京市建筑产业现代化信息监管平台（图6.4-2）。该平台主要以所建立的技术应用系统为支撑，旨在对南京市新建装配式建筑从设计、生产、施工到运营维护阶段进行监控与管理，真正实现上述环节全过程的信息化与可视化管理。更为重要的是，当监管平台被纳入建设体系，或当建筑被纳入监管平台时，即表明该建筑的日常维护工作已经开始，管理者和用户即可根据建筑的使用状况，制定相应的维护更新策略。

目前，该平台所依托的核心技术还处于工作室保密状态，本书在此仅介绍该平台的技术构成，构建该平台的技术模块和技术路线，以及该平台的使用情况，等。构建该平台的技术路线如图6.4-3所示。

1. 信息监管平台是基于BIM技术建立的，该平台将大量设计、建造、施工装配及运营维护单位纳入监管系统，这些单位将其建立的BIM模型上传至系统，由平台统一管理。因此，所有建筑构件的相关信息都可从平台系统内的BIM模型中获取，并通过虚拟建造与真实建造的相互配合，由各单位、各部门协同控制，真正实现信息的全方位协同监管。

2. 信息监管平台以构件法为出发点，将建筑分解成各个构件，按照一定的逻辑进行组织，形成构件组，再以构件组为单位进行设计，根据建筑各构件组的生产、装配、运营维护管理等需求输入各种数据，用于信息监管平台的建设，并最终实现基于构件的设计、生产、施工、运营维护等建设质量全过程管理。

3. 信息监管平台建立后，被平台纳入管理的每栋建筑、每个部品都被分解成最基本的构件，所有构件都由平台统一监管。每个构件的相关信息都能够在平台的管理下由系统自动获取，并进行相关处理，这样可有效降低传统人工处理的信息出错率，保证系统的高效运行。

第六章 装配式建筑可维护更新的技术应用研究

图6.4-2 南京市建筑产业现代化信息监管平台登录界面
（图片来源：作者所在工作室资料）

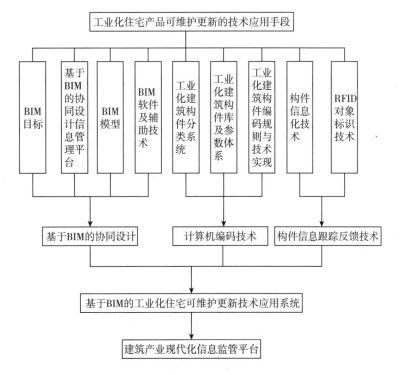

图6.4-3 南京市建筑产业现代化信息监管平台的构建技术路线图
（图片来源：作者自绘）

4. 在信息监管平台的协调管理下，各个设计、生产、施工装配及运营维护部门和单位组成产业联盟，协同设计、协同生产建造、协同施工装配、协同组织管理、协同运营维护，并通过计算机编码技术，以构件信息跟踪反馈技术辅助技术定位，使得每个构件从设计到运营维护所有环节都做到"有源可溯"，并能够实时定位，对整个建设环节从设计、生产、施工到运营维护阶段进行监控，真正实现上述环节全过程的信息化与可视化管理。

5. 在信息监管平台的管理和使用方面，由于平台涵盖了设计、生产建造、施工装配及运营维护等建设环节的众多工作单位和人员，在对各工种岗位进行权限设置后，每个平台使用者只能在自己的权限内进行相关操作，这样即可在保护相关信息资料的同时高效率工作，使得整个平台运行有条不紊，大大提高了工作效率和准确性。

6.4.2.2 平台在可维护更新方面的应用

1. 规范南京市装配式住宅建筑的构件管理

构件是住宅建筑维护更新的载体。信息监管平台的管理和监控能够精确到每个构件，所有构件从设计到生产、施工装配和运营维护全过程都在平台的监管之下，平台监管实现了构件的全过程信息化、可视化管理与监控，对于应维护更新的构件和相关责任方一目了然。

2. 完善装配式住宅建筑构件从生产到建设到维护更新的全流程管理

信息监管平台可以实现对装配式住宅建筑构件的设计、生产、施工装配直到运营维护阶段全过程进行信息化和可视化管理，并提高装配式住宅建筑的项目管理水平。

3. 提高建筑构件的生产质量、装配精度，以及维护更新的拆装效率

信息监管平台通过对构件的全过程管理与监控，可有效提高建筑构件的生产质量、装配精度及维护更新的拆装效率，强化工程建设项目的质量控制和装配式住宅建筑的质量监管力度。

4. 采用BIM技术对日后维护更新提供信息化和可视化支持

信息监管平台首次将BIM技术应用于装配式建筑的维护更新，使得每个构件从设计到运营维护所有环节都做到"有源可溯"，并能够实时定位，为日后的维护更新提供了信息化和可视化支持，可大大提高装配式建筑维护更新的可控性和高效性。

6.4.2.3 目前平台的实现功能

1. 各区政府与市建委相关部门的政策法规等信息；
2. 政府相关部门与设计、生产企业间的信息报送、备案；
3. 装配式建筑构件库管理及其参数的管理；
4. 基于网络识别的构件跟踪及质量管理；
5. 构件编码规则应用，建立监管编码系统；
6. 装配式住宅建筑的预制装配率计算规则管理，结合预制率计算软件，可在Sketch up及Revit中快速计算并验证预制装配率；
7. 拓展功能，施工计划与进度管理、基于BIM的造价计算与成本控制、VR可视化项目展示平台、建筑能耗管理、构件的维护更新及回收再利用管理等。

目前，平台现已投入使用，包括南京长江都市建筑设计股份有限公司、南京思丹鼎建筑科技有限公司、南京旭建新型建材股份有限公司等在内的

一批设计、生产、施工及维护更新相关单位已入驻平台，大量的新建装配式建筑已被该平台纳入监管系统。这些装配式建筑从设计阶段就被纳入管理系统，真正实现了协同设计。此外，平台监管下的装配式建筑每个构件都有唯一编码，可实时监控其状态，并对其精确定位，一旦出现问题，可在第一时间发现，做到及时更新更换。可以说，监管平台的建立意味着装配式建筑的维护更新真正实现了从理论研究到技术实践的飞跃，对我国装配式建筑建设的产业化运作意义重大，对实现建筑长寿化、推动我国建筑业绿色发展也有重要意义。

6.5 本章小结

本章着重研究 BIM 信息化技术的众多特性及其在装配式建筑可维护更新中的应用。根据装配式建筑的特点，并结合前面几章的研究，提出将 BIM 信息化技术应用于装配式建筑的可维护更新，并提出装配式建筑的维护更新可以在三个方面运用 BIM 技术：一是协同设计，二是计算机编码技术，三是构件信息跟踪反馈技术。可以说，正是 BIM 信息化技术的应用使得装配式建筑可维护更新具有更为广阔的发展前景。

装配式建筑协同设计通过设计方与施工方的协同、虚拟建造与实际建造的协同、部品生产与建造的协同，以及施工建造环节不同工种的协同等四个方面的协同以实现向协同建造的应用转型。本章建立了基于 BIM 的装配式建筑协同设计信息管理平台以及应用于装配式建筑协同设计的 BIM 框架，阐述了 BIM 技术在装配式建筑协同设计中的作用：一是信息共享，二是冲突检测，三是设计专业间协同，四是设计—生产—施工阶段的流程协同。可以说，BIM 在装配式建筑协同设计中发挥着核心作用。

本章提出将计算机编码技术应用于装配式建筑的可维护更新中。首先基于 BIM 技术的装配式建筑"构件法"思想，将装配式建筑的全部构件分为结构体系、外围护体系、设备与管线系统、内装系统等四大系统，然后，据此建立装配式建筑构件库及其参数体系架构，以此作为计算机编码技术的基础。最后，参照国内外现有编码体系及其运作系统建立起一整套构件编码原则及编码格式，形成一套计算机编码体系，以应用于装配式建筑的维护更新。这套计算机编码技术的特色是能够结合编码物料建立跟踪系统，使得每个构件都有源可溯，便于管理者随时了解构件信息，达到实时监控。计算机编码技术极大地提高了装配式建筑产品维护更新的准确性和高效性，是装配式建筑维护更新最重要的技术手段。

在应用研究和技术创新方面，项目团队最终建立形成了一套完整的基于 BIM 的装配式建筑维护更新技术应用系统。这套技术系统可广泛应用于装配式建筑建设，亦可应用于装配式建筑的维护更新。并且本项目所在工作室依托这套技术应用系统，在南京市政府大力支持下，与南京市城乡建设委员会合作建立了南京市建筑产业现代化信息监管平台。该平台现已投入使用，一批设计、生产、施工及维护更新相关单位已入驻平台，大量的装配式建筑已被平台纳入监管系统，可实时维护更新。

参考文献

［1］肖明和,张蓓.装配式建筑施工技术［M］.2版.北京：中国建筑工业出版社,2023.

［2］郭柳,姜建明,纵斌.自主BIM技术在装配式建筑领域的发展分析及研究［J］.建筑结构,2022,52(S2)：1720-1723.

［3］干申启.工业化住宅建筑可维护更新技术与应用［M］.南京：东南大学出版社,2021.

［4］李元齐,郑华海,刘匀.工业化住宅部品分类与编码研究［J］.建筑钢结构进展,2017,19(1)：1-9.

［5］中华人民共和国住房和城乡建设部.建筑产品分类和编码：JG/T 151—2015［S］.北京：中国标准出版社,2016.

［6］徐韫玺,王要武,姚兵.基于BIM的建设项目IPD协同管理研究［J］.土木工程学报,2011,44(12)：138-143.

［7］杨增科,樊瑞果,石世英,等.基于CIM+的装配式建筑产业链运行管理平台设计［J］.科技管理研究,2021,41(19)：121-126.

［8］吴双月.基于BIM的建筑部品信息分类及编码体系研究［D］.北京：北京交通大学,2015.

［9］杨一帆,杜静.建设项目IPD模式及其管理框架研究［J］.工程管理学报,2015,29(1)：107-112.

［10］刘政良,彭延年,黄俊儒,等."强化资料库，技术在扎根"活化编码应用推动策略［J］.营建知讯,2010,326(3)：58-63.

［11］Weygant R S. BIM Content Development-Standards, Strategies and Best Practices［M］. New York: John Wiley & Sons, 2010：191-193.

第七章 国内外装配式建筑案例

7.1 国内装配式建筑

7.1.1 国内公共建筑

7.1.1.1 杭州市中医院丁桥院区

创建于1952年的杭州市中医院，经过近70年发展，已成为一家集医疗、教学、科研、预防、保健、康复于一体的综合性三级甲等中医院，如图7.1-1所示。2020年度取得国家三级公立中医医院绩效考核全国第14名、省内第一、等级A+的好成绩，2021年荣获浙江省首届"十佳医院"荣誉称号。

1. 项目概况

杭州市中医院丁桥院区位于上城区环丁路1630号，占地161.26亩，总建筑面积16.7万 m^2，设床位1000张，为政府全额投资兴建，概算8.28亿元。建筑密度为29.6%，建筑容积率为1.45。主建筑层数为12层，建筑高度为50 m，整个院区共有停车位1150个，设计日门诊量为5000人次，设计日急诊量为500人次。项目于2012年11月立项，2014年12月动工，按国家三级甲等医院标准建设，2018年12月建成启用。

图7.1-1 杭州市中医院
（图片来源：百度网）

该项目曾获2016年度杭州市建设工程"西湖杯"（结构优质奖），2019年安装行业BIM技术应用成果评价国内先进、行业领先（Ⅱ类），2019年度杭州市建设工程"西湖杯"（建筑工程奖），2020年度浙江省勘察设计行业优秀勘察设计成果综合类（建筑工程设计类、风景园林设计类）等各类奖项。

图7.1-2　杭州市中医院门诊楼
（图片来源：百度网）

2. 建筑风格

医院建筑风格不走传统中医院建筑的仿古之路，看不到明清格子门窗、赭石色仿古家具等时下中医院和中医馆的"标准标签"，而是以空间形式反映时代进步和文化追求，极具江南文化辨识度的现代中医院建筑。建筑造型以方形"生命之花"为基本母体，通过富有韵律的组合，使整个建筑群既简洁明快又不失医疗建筑规整严谨的特征，如图7.1-2所示。建筑外墙采用花岗岩面板、金属构架、玻璃幕墙等现代建筑材料，形成富有个性的外部肌理。轻盈的建筑体量，配以屋面压顶，提炼出"江南文化"的神韵。

利用"T"形医疗内街将门诊部、医技部和住院部的各功能区块贯穿连接在一体。4层高的门急诊医技楼、10层高的病房楼、12层高的行政科研综合楼组成建筑群，丰富了城市轮廓线。3幢病房楼以"L"形短板楼由南往北平行、错动布置，最大化地获取沿河公共绿化景观。内庭院、花园、沿河绿化景观带相互渗透，使整个医院融入山水园林之中。

3. 装配式技术

采用装配式内装系统，采用承插式、卡扣式等，每个模块可独立无损伤拆装，这是国内医院真正意义上的全工业化装配式装饰工程。

门诊诊疗模块四周以0.8 mm的热镀锌钢板表面PVC热贴木纹、墙纸花纹膜为主材，整合看片器、叫号器、吸音墙面、墙面灯光系统，以及门、收纳柜、服务台、洗手洁具等，如图7.1-3和图7.1-4所示。

病区病房模块四周包括设备带、阅读灯、收纳柜等全部用0.8 mm的热镀锌钢板表面PVC热贴木纹、墙纸花纹膜，确保了这些诊疗空间持久的整洁性和美观性，如图7.1-5所示。

在项目实践的基础上，与有关单位合作编写的《医疗建筑集成化装配式内装修技术标准》（T/CSUS 03—2019），由中国城市科学研究会负责管理，作为团体标准发布，2019年6月1日起在全国实施。2019年7月26日，该标准暨中国医疗建筑装配式内装高峰论坛在杭州市中医院丁桥院区举行，包括联合国国际生态生命安全科学院院士尹伯悦在内的300多位专家学者，省内外医院院长、基建科长、建筑师出席。同时，接待了上百批中外参观者。

第七章 国内外装配式建筑案例

图7.1-3 装配式双通道门诊诊区

图7.1-4 装配式双通道门诊诊室

（图片来源：微信公众号｜筑医台资讯）

图 7.1-3   图 7.1-4

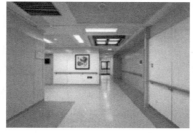

病区装配式过道＋护士站　　病区过道装配式隔墙＋模块化集成吊顶　　PVC热贴膜热镀锌钢板装配式集成病房

图7.1-5 病区病房模块

（图片来源：微信公众号｜筑医台资讯）

在2015年5月开始筹划将BIM技术应用到该项目中，为浙江省内医院最早应用此技术的项目。由医院招标采购的BIM技术优化处理了净高（空）分析、管线综合与优化等219处问题，有效避免了后期施工过程中的碰撞及返工。

精装修招标之前引入虚拟现实技术（Virtual Reality, VR），弥补了传统设计分析工具的不足。施工过程中采用了项目管理信息化系统（Project Management Information System, PMIS）技术，改变了原有传统的工程信息交流与传递模式，在对项目全过程信息进行集中管理的基础上，为参建单位提供高效率信息交流的协同工作环境。

图7.1-6 华阳国际东莞产业园研发楼

（图片来源：谷德设计网）

7.1.1.2 华阳国际东莞产业园研发楼——Dream Office

建筑业在"双碳"目标下，正迈入绿色化、低碳化的发展道路，建筑形态、建材生产、建造方式、运维模式等方面也将迎来变革。华阳国际东莞产业园研发楼，作为产品级设计与建造、全过程装配式实践，以一场办公研发场所的设计实验，寻求建筑的理想空间与低碳愿景，如图7.1-6所示。

1. 项目概况

项目在位于东莞市茶山镇的华阳国际东莞建筑科技产业园内，于2018年开始策划、设计，

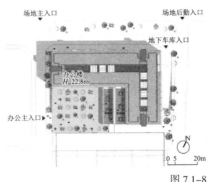

图 7.1-7　　　　　　　　　　图 7.1-8

图7.1-7　华阳国际东莞产业园研发楼鸟瞰图
图7.1-8　华阳国际东莞产业园研发楼总平图
（图片来源：谷德设计网）

2020年竣工，如图7.1-7和图7.1-8所示。地上建筑5层，地下1层，占地面积约2708 m^2，总建筑面积16 703 m^2。项目采用"PIGR"科技建造体系，通过10项关键技术打造智慧工地；绿色建筑设计达到美国LEED金级认证；荣获全国BIM技术大赛金奖；建筑装配率达到80%；是华阳国际设计集团"123EPC建设模式"自主设计、生产、施工、运营全生命周期主导的梦想办公建筑。

2. 装配式技术

为充分发挥工程总承包（Engineering Procurement Construction，EPC）模式优势，通过总承包管理有效协调，PC构件设计、生产、施工团队在建筑方案设计之初便已介入项目，充分考虑"工业化建造"因素。立面的设计灵感来源于中国古代活字印刷的可复制概念，其模数化、可复制的特性与工业化建造理念有着相似和共通之处。在较为规整的建筑形体上，采用装配式框架结构，通过5个"标准化窗洞单元组件"进行立面排列组合，形成极具特色的办公建筑立面肌理，如图7.1-9和图7.1-10所示。

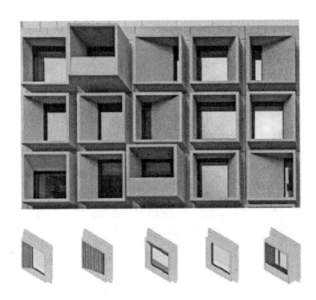

图7.1-9　立面标准化设计
（图片来源：谷德设计网）

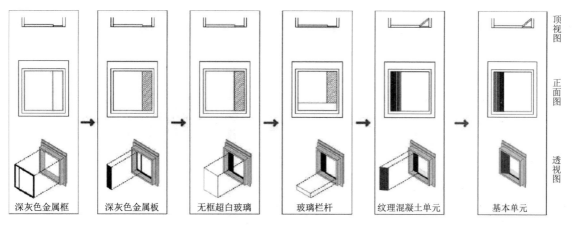

图7.1-10 立面窗洞单元设计
（图片来源：谷德设计网）

设计利用一个简单的L形形体围合成内院，面向城市一侧形成完整界面。半围合的南侧室外庭院、负一层的地下庭院，以及建筑西侧的空中退台，营造出舒适的室外或半室外自然环境，让使用者可以轻松地体验室内外空间转换，在紧张的工作之余放松身心。

为打破单一秩序，L形体块嵌入中庭将建筑从中间切开，并在面向城市界面与主入口庭院一侧打开缝隙，实现空间的渗透。三个缝隙中置入极具视觉冲击力的红色钢结构楼梯，不仅可以将中庭与公共空间串联起来，同时打破了整体模块化设计规整的秩序感，使设计更加灵动。

结合项目自身特点，基于模数化、标准化设计原则，并综合考虑示范性和易建性，采用预制外墙、预制柱、预制梁、预制剪力墙、预制叠合楼板的组合体系。以4.2 m为基本模数，采用8.4 m×8.4 m的基本柱网，形成标准空间单元。基于模数化柱网，主立面采用4.2 m×4.2 m标准尺寸的预制外墙板，重复率高。由于项目紧邻润阳预制构件厂，不受运输条件限制，所以在预制构件的设计尺度上，做了大胆的创新和尝试，如图7.1-11所示。同时，本项目成功应用公司自主研发的新型建筑材料和新型连接节点专利技术，如新型自保温轻质混凝土、预制梁的连接节点、叠合楼板密拼技术等。

设计通过创造秩序并适当打破秩序，达到了个性化设计与标准化建造的平衡，实现了装配式建筑设计创意与技术的协同。

3. EPC建设模式

项目全流程采用"123EPC建设模式"，如图7.1-12所示。即项目以建筑师负责制为核心，强调"设计"在整个工程建设过程中的主导作用，建筑师团队全过程参与建筑设计、设计分包管理及项目管理工作；在EPC工程总承包模式下，采用装配式和BIM两项前沿技术，基于同一BIM平台的共享，以BIM模型为载体，共享与集成现场装配信息、设计信息和工厂装配生产信息，实现进度、施工方案、质量、安全等方面的数字化、精细化

新型装配式建筑设计与管理

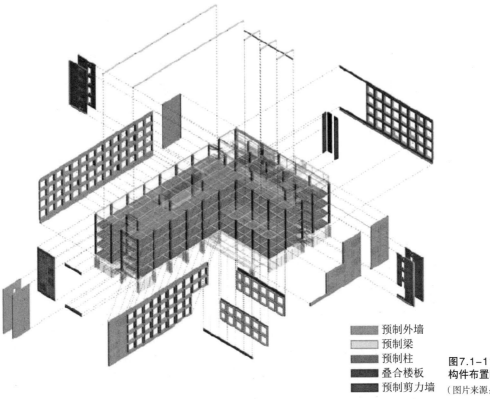

预制外墙
预制梁
预制柱
叠合楼板
预制剪力墙

图7.1-11 建筑整体构件布置BIM模型
（图片来源：谷德设计网）

图7.1-12 EPC工程管理示意
（图片来源：谷德设计网）

设计管理
①精细化施工图
②设计链条整合
③后续端深度交叉
④设计管理平台

工程管理
①BIM平台
②工业化建造
③精细化管理
④项目管理平台

采购管理
①集团采购优势
②行业优质企业
③招采工作前置
④采购管理平台

成本管理
①限额设计
②目标成本制定
③动态成本管控
④严控变更签证

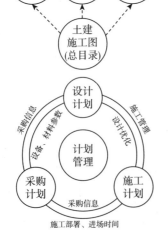

前提	▶	工程造价的相关合同管理
重点	▶	目标成功管理为核心
基础	▶	准确工程计量与计价
手段	▶	限额设计和风险控制

154

和可视化管理，有效提高装配式建筑的生产效率和工程质量；同时设计、施工、采购三大管理平台高效协同，让技术、创作、信息、运营、人力、经营、项目管理、采购之间实现资源互享，为 EPC 项目管理提供了强大的支撑。

7.1.1.3 合肥园博园

第十四届中国（合肥）国际园林博览会于 2023 年 9 月 26 日开园，园区配套 34 个游园服务的智慧驿站。包括 4 个游客服务中心、19 个游客驿站、8 个模块化卫生间、2 个模块化办公驿站、1 个市政便民驿站，主要涵盖公共卫生间、游客中心、展览馆、艺术馆、商业配套等功能，满足公园配套服务，丰富群众多样化需求。

1. 智慧驿站 科技创新

智慧驿站建筑新颖、造型别致，分布在 38 个展园、6 个绿化景观标段和园博小镇内部，实现了建筑设计的科技创新，驿站在前期设计阶段精雕细琢，巧妙地将徽派、木屋、现代、工业、生态等多种建筑风格与周边各个展园、绿化景观进行完美融合，致力于打造"大园博、小驿站、一站一景"的城市园林建筑的新时尚、新空间、新高度，如图 7.1-13 和图 7.1-14 所示。智慧驿站建设过程采用了中建海龙科技自主研发的国际先进建造技术，实现了施工技术上的科技创新，是安徽省首个采用装配式模块化集成建造模块化技术的公园配套建筑。

驿站从基础到主体全部在工厂装配，通过模块化集成建造技术，每个模块单元内的结构、机电、给排水暖通和装饰装修等大部分工序在工厂进行高标准的工业化预制，驿站内装设计简洁、美观，外立面造型独特、新颖。驿站内功能配套齐全，驿站智能化基于无线通信技术，通过智能物联网关、无线设备、无线采集设备、无线连接及控制设备，搭载相应的显示屏、温湿度传感器、气体传感器、气体传感器一键告警等，可实现驿站人流量检测、环境检测等智能管理。精益求精，精雕细琢，助力打造品质园博，真正实现"像造汽车一样建房子"。

此外，智慧驿站也是安徽省首个采用光伏与建筑一体化技术（Building Integrated Photovoltaic，BIPV）的项目，项目根据建筑风格将光伏发电玻璃

图 7.1-13　清心驿
图 7.1-14　模块化卫生间
（图片来源：光明日报《"像造汽车一样建房子"！这一园博园里配建了 4 个智慧驿站》）

图 7.1-13

图 7.1-14

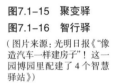

图 7.1-15　　　　　　　　图 7.1-16

图7.1-15　聚变驿
图7.1-16　智行驿
（图片来源：光明日报《"像造汽车一样建房子"！这一园博园里配建了4个智慧驿站》）

图 7.1-17　　　　　　　　图 7.1-18

图7.1-17　晴霄驿
图7.1-18　翠澜驿
（图片来源：光明日报《"像造汽车一样建房子"！这一园博园里配建了4个智慧驿站》）

与建筑融为一体，为园区提供清洁能源，总装机容量为261.2 kWp，预计年发电量19.5万 kW·h，根据计算可减少二氧化碳排放量110.95 t/a，标准煤消耗量42.67 t/a，助力全世界最大公园节能减排，绿色升级，达成绿色建筑目标，为实现"双碳"目标作出贡献，如图 7.1-15 和图 7.1-16 所示。

智慧驿站结构形式多样，有装配式钢结构、混凝土结构、模块化结构、覆土结构、幕墙结构等多种形式，实现了现场管理的科技创新。据主办方介绍，从基础、主体、幕墙、水电和装修等现场工序实际施工时间只有两个半月，为达到驿站开园即使用的要求，项目采用了 C-SMART 智慧工地管理系统，34 个驿站同步施工，统筹制订 24 h 施工计划，各工序穿插施工，各专业协同配合、科学管理，在 30 天内完成了超过 10 000 块双曲面幕墙铝板和近 2000 块弧形幕墙玻璃安装，确保了在工期内完成，如图 7.1-17 和图 7.1-18 所示。

2. 幸福驿站 功能用心

从智慧驿站到幸福驿站，不仅有建筑方式、建造技术的科技创新，更有建筑内部功能布局的用心，驿站主要功能涵盖公共卫生间、游客中心、展览馆、艺术馆、商业配套等，各驿站根据在园区所处位置的不同，设置了卫生间、盥洗间、母婴室、第三卫生间、便利店、咖啡馆、轻餐等功能配套，室内配备了空调系统、地吹风系统，将女性厕位与男性厕位比例提高到 3∶2，以缓解景区女性厕位紧张问题，母婴室配备婴儿护理台、婴儿折叠座椅、哺乳椅等母婴设施，灰空间设置休憩赏景座椅，来满足公园配套服务丰富多样化需求，体现以人为本、百姓园博的理念。

7.1.1.4 中瑞生态城低碳技术创新促进中心

建筑位于清源路与清舒道交叉口东北侧，于2023年10月完工。占地7500 m²，建筑面积3735 m²，项目建设达到绿建三星标准，装配式比例达88%，如图7.1-19和图7.1-20所示。采用极简设计手法，以一个悬浮矩形体量容纳所有功能。结构采用全钢预制，超高的装配比例，建筑在不到四个月的时间内就建造完成。建筑材料选用低碳金属复合铝板与防火保温一体板、竹木纤维饰面板、高性能蒸压加气混凝土板（ALC板）。

建筑入口为自然放大的三角形切角，金属雨棚的形态与之呼应，形成一种强烈的几何引力，将光线、人流和外部景致吸引进来，自然连接到内部的门厅。建筑在规划、结构、构造、设备、材料、运营上，都最大程度地体现了低碳环保的营造理念，成为新片区最符合建设主题的展品。我们将建筑的生成看作一个动态的演绎过程，在其中寻找一种人造体与自然、人造体与文化的联系。

遵从不同功能的使用特质，建筑拥有了大体量的空间和具有雕塑感的体块。有力的切割方式将空间塑造得硬朗且坚定。作为一个特殊的建筑类型，以生态为主题的展馆不仅要展示生态环保理念，还要通过建筑本身的设计体现可持续发展的原则，包括节能、节水、材料环保、可再生能源利用等。建筑在建设的开始阶段，就考虑了可持续使用的功能转换能力，以适应快速变化的城市功能，所有材料也可以充分循环利用和回收，降低建筑废弃物的产生。建筑在设计与建造中采用了以下几方面的生态措施：

1. 降低建筑能耗

（1）外立面切角的设计，形成立面上有节奏的开窗，同时局部玻璃幕墙和屋顶天窗的运用，均使建筑具有良好的自然采光和通风，提高了室内环境舒适度，同时减少对人工照明和通风系统的依赖。

图7.1-19　建筑鸟瞰图
图7.1-20　建筑平面图
（图片来源：ARCHCOLLEGE｜中瑞生态城低碳技术创新促进中心／米丈建筑）

图 7.1-19　　　　　图 7.1-20

(2)内凹部分在建筑立面上形成阴影,避免阳光直射,降低建筑体内部的能耗。

(3)外墙的预制一体化金属复合岩棉防火保温板,设计中没有热桥,具有良好的隔热和隔音性能,同时使外观具有优异的平整度。

(4)采用具有良好的节能和保温效果的高性能外部门窗,门窗卓越的气密性可以减少室内外的空气对流,如图7.1-21和图7.1-22所示。

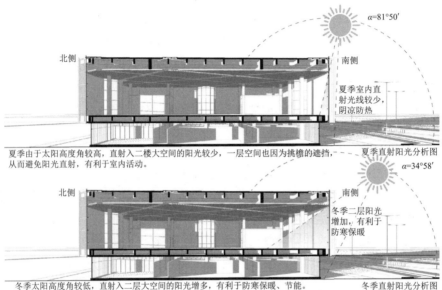

图7.1-21 直射阳光分析图

(图片来源:ARCHCOLLEGE丨中瑞生态城低碳技术创新促进中心/米丈建筑)

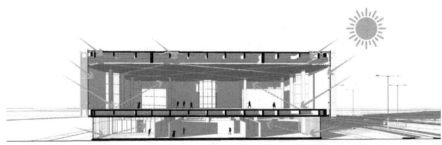

图7.1-22 采光分析和通风分析图

(图片来源:ARCHCOLLEGE丨中瑞生态城低碳技术创新促进中心/米丈建筑)

第七章 国内外装配式建筑案例

2. 能源的循环利用

(1) 建筑屋顶采用太阳能光伏发电系统,在满足馆内能源需求的基础上,实现了整体的绿色能源供应,如图 7.1-23 所示。

(2) 建立雨水的"收集－再利用"循环系统：庭院和建筑屋顶被设计为雨水搜集的最佳区域,雨水收集加上成熟的中水系统,将水多次循环利用,使建筑耗水量达到最低标准,如图 7.1-24 所示。

彩图链接

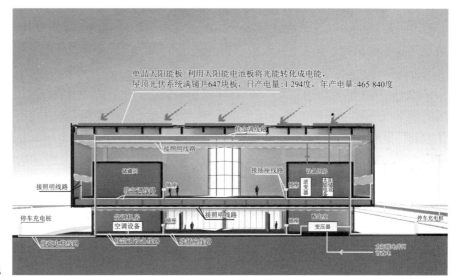

图7.1-23 建筑用电分析图

(图片来源：ARCHCOLLEGE｜中瑞生态城低碳技术创新促进中心/米丈建筑)

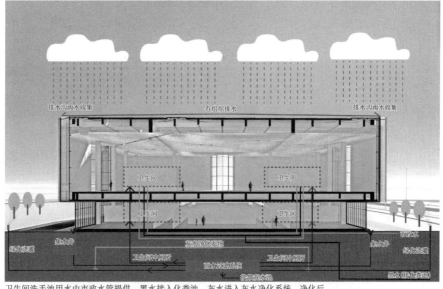

图7.1-24 雨水收集、市政水分析图

(图片来源：ARCHCOLLEGE｜中瑞生态城低碳技术创新促进中心/米丈建筑)

159

（3）使用地源热泵系统替代传统的用制冷机和锅炉进行采暖和供热的模式，改善城市大气环境和节约能源。

3. 能源效率的最佳优化

借助智能化控制系统实现更高效的能源管理和环境控制，通过传感器和自动化系统，监测和控制展馆内的能源消耗、温度、湿度和光照等参数，以实现最优的能源效率。

4. 环境的生态友好

（1）建筑设计不仅关注建筑本身，也注重周围环境的生态景观设计。通过选择本地植物、增加植被覆盖面积，建筑和景观相互融合，营造出生态友好的外部环境。

（2）采用海绵城市的建设措施，在建筑场地设置雨水花园净化系统（广场的雨水流入雨水花园，经过沉淀池、初级净化池、次级净化池、三级净化池和稳定池后，再流入景观生态池）。

7.1.1.5 华南理工大学广州国际校区二期工程

华南理工大学广州国际校区二期工程位于广州市番禺区南村镇兴业大道北侧、南村东线路东侧。总建筑面积 59.2 万 m^2，占地面积 70 万 m^2。包含综合体育馆、图书馆、教学楼、装配式住宅、幼儿园、小学、校医院、实验楼、公交站等多种业态。项目工期短、难度高，是国家级重点工程。其中，装配式建筑为 G5 教师公寓及 A4 学生宿舍。装配式建筑面积约 16.7 万 m^2，装配率大于 60%，目前是广州市达到国家装配式评价标准 A 级的面积最大的建筑群。A4 地块最高 21 层，建筑高度 80 m，G5 地块最高 32 层，建筑高度 99.8 m。G5 教师公寓工程整体设 1 层地下室，地上设有 2 栋 21 层、4 栋 27 层和 4 栋 32 层高层住宅。地下室采用框架结构，塔楼为钢筋混凝土剪力墙结构 +PC 构件墙和叠合板结构，装配率超过 61.4% 和 62.4%；A4 学生宿舍无地下室，设有 1 栋 14 层和 2 栋 21 层高层住宅。首层竖向采用框架结构，2 层楼板采用现浇钢筋混凝土梁 + 叠合板结构，2 层以上塔楼为钢筋混凝土剪力墙结构 +PC 构件墙、柱和叠合板结构，装配率超过 61.9% 和 64.1%。

1. 新型外挂架施工技术

为充分发挥装配式建筑的优势，本项目负责人员设计了一种支撑加强式的新型外挂架，包括走道板，走道板底部对称设有支撑走道板的支撑结构，支撑结构与走道板之间设有可拆卸式连接的加强件，走道板四周设有支撑柱，支撑柱之间固定设有保障施工人员人身安全的防护结构。通过加强件连接走道板与支撑结构，在不增加成本的基础上，有效提高了走道板的稳定性和支撑结构的支撑强度，通过在走道板四周设置支撑柱与防护结构，可有效保障施工人员的人身安全，由于外挂架整体结构采用螺栓连接，使得材料可层层周转使用，节约成本，解决了外挂架整体稳定性和安全性不足的问题，保证了外挂架使用经济性。

2. BIM技术应用

在项目策划与实施过程中提供了坚实的三维可视化基础，提高了二维CAD深化水平与方案调整可视化沟通效率。基于BIM模型将各类构件进行分类筛选进行颜色拆分，并通过此分类对各类型构件进行再拆分。通过Revit明细表进行装配率的复核。此外，还开展了基于BIM模型的预留预埋深化，复核专项问题，提高预制构件深化的质量；针对装配式外挂架形式，通过信息互导整合BIM模型数据，通过模型流转在Revit与SolidWorks之间进行可视化沟通，经过多次论证确定了装配式挂架+局部爬架的防护方式；通过BIM模型对装配式建筑进行标准层5天工艺工序的模拟并交底，确保装配式标准层5天工艺工序的可实施性。

3. 产业化智慧建造与信息化综合管理技术

华南理工大学广州国际校区二期CPS数字孪生智慧工地系统为信息物理系统（Cyber-physical Systems），是一个综合计算、网络和物理环境的多维复杂系统，通过3C（Computation，Communication，Control）技术的有机融合与深度协作，实现大型工程系统的实时感知、动态控制和信息管理。以工厂生产为对象，基于CPS技术构建软件+硬件+数字孪生云平台的指挥系统，实现工厂加工、运输、进场、吊装、验收一体化的管理措施，对BIM模型进行装配式构件命名、系统拆分、深化、组合，匹配相应的构件吊装策划顺序，就BIM构件与构件编码信息系统进行快速对应定位，快速完成构件对应专属二维码的自编码过程，其中体现"项目""地块""楼栋""分区""吊装编号""构件编号"等多种数据，完成CPS系统与BIM构件联动，匹配工厂生产，配合基于微信的应用前端快速对构件生产时间、部位、数量等进行实时统计，自动生成台账的同时，在CPS系统上即可直接查看对应已排产构件，相比传统手工登记，更方便快捷精准，避免现场对工厂供货的情况盲区，也减少了人力驻场的需求，同时也减少了人为因素的误差，提高效率。

7.1.1.6　合肥紫云广场

紫云广场项目位于合肥市经开区紫云路与蓬莱路交口东北部，北部紧临天门湖健康驿站、东达安徽建筑大学，西为高压走廊。项目建设用地面积约1.38万m^2，总建筑面积约7万m^2。本项目包括多层裙房和主要楼层高度为11层，47.25 m的东塔楼、93.45 m的22层西塔楼，如图7.1-25所示。多层裙房采用钢框架结构；东塔楼采用钢框架结构；西塔楼采用钢框架-支撑结构。框架柱采用钢管混凝土柱结构形式，采用钢管混凝土-中心支撑结构。

项目建设内容集办公、社区中心及配套设施等多功能为一体，采用装配式钢结构建造，装配率超过50%，是合肥市首个大型装配式钢结构公共建筑。项目在设计前期经过多方案比选，最终决定采用装配式钢结构方案。项目被安徽省住房和城乡建设厅评为2019年装配式建筑示范项目，2020年9月，安徽省住宅产业化促进中心组织的"全省装配式钢结构建筑技术与管理"高级研修班在本项目观摩。2020年12月，全省建筑节能与科技工作推进会暨装配式建筑现场会在合肥召开，本项目被作为观摩项目。2022年7月，本项目获得钢结构建设领域最高荣誉"中国钢结构金奖"。

1. 装配式建筑与建筑功能的融合

项目充分利用钢结构的建造优势，将不同的建筑功能融入其中。根据现代企业总部办公及社区服务功能需求，增加文化展示、交流互动、休闲健身、高端客户交流平台等场所，打造现代、高效、特色鲜明的空间环境，如图7.1-26所示。设计利用钢结构大空间的优势，将卫生服务中心、餐厅、商务、社区活动中心、单元办公、总部办公、地下车库融入到整幢建筑之

图7.1-25 紫云广场
（图片来源：富煌集团丨装配式钢结构建筑研究与实践：合肥紫云广场）

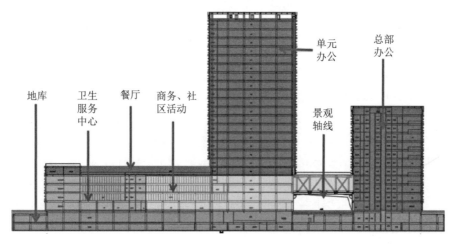

图7.1-26 功能示意图
（图片来源：富煌集团丨装配式钢结构建筑研究与实践：合肥紫云广场）

中。体现了装配式建筑与建筑功能的融合。

2. 装配式建筑与建筑空间的融合

结合平面布局设置共享空间，裙房及高层屋顶均设置屋顶花园，形成"立体绿化、垂直庭院"的意境。结合环形跑道、垂直楼梯等营造富有生活气息、层次丰富、亲近自然的环境特色。内部空间设计舒适温馨，每个楼层结合功能设置休息交流区、咖啡吧等，创造满足身心健康、人性化、生活化的场所。设计通过广场绿化、下沉庭院、平台绿化、空中花园绿化、屋顶绿化，结合乔木、灌木、花卉、草坪等各类适地性植物，创造多维空间绿化效果，如图7.1-27所示。设置下沉庭院、地库采光通风口、建筑底层多处架空、屋顶庭院、屋顶花园等措施形成良好的通风采光条件；结合立面水平遮阳板、雨水收集、太阳能热水、太阳能光伏、节水节电器具、LOW-E中空玻璃等，共同打造绿色节能的企业办公建筑典范。

3. 结构创新

项目连接天门湖公租房的景观轴线采用架空空间，使用无柱大空间——30 m×28 m大空间，充分体现了钢结构的优势，斜支撑展示了钢结构的结构之美。此区域空间底板和顶板采用桁架钢筋楼承板，免支模底板也为装配化施工提供了便利条件，如图7.1-28所示。

4. 外围护创新

项目外围护系统使用金属和玻璃幕墙体系，解决了钢结构外围护体系的难题。金属属于轻量化的材质，减少了建筑结构和基础的负荷，为高层

图7.1-27 节点图
（图片来源：富煌集团｜装配式钢结构建筑研究与实践：合肥紫云广场）

图7.1-28 结构详图
（图片来源：富煌集团｜装配式钢结构建筑研究与实践：合肥紫云广场）

建筑外装提供了良好的选择条件。金属板的性能卓越，隔热、隔音、防水、防污、防蚀性能优良。无论加工、运输、安装、清洗等施工作业都较易实施。本项目外幕墙创新型使用了钛锌板，在耐久性、防污、防蚀性能上更为突出，钛锌板材质很好地表现了建筑的造型美。

5. 内装创新

项目采用了装配化装修的技术，在公共部位，采用干挂陶瓷薄板技术，全面实现管线分离，为建筑的全生命周期改造提供便利条件。部分层间楼板采用了复合保温隔声楼面板技术，为楼地面的装配式干法施工做出了积极探索，如图 7.1-29 所示。

6. 消能减震技术

在 A、B 塔楼与连廊之间设置粘滞阻尼器，控制预期的结构变形，从而使主体结构及构件在罕遇地震作用下不发生严重破坏；同时，经分析，连体结构竖向第 1 阶振动频率为 2.582 Hz，小于规范允许值 3 Hz，人行走时容易引起共振。在三股人行荷载作用下，楼盖竖向振动加速度为 0.205 m/s^2，大于规范允许值 0.15 m/s^2。为满足连体结构在使用中舒适度的要求，在连廊中设置调频质量阻尼器（Tuned Mass Damper，TMD），削弱结构的振动反应，如图 7.1-30 所示。

7. 装配式组合结构技术

预制构件主要包括预制钢梁、钢柱、钢桁架、桁架钢筋楼承板等。项目地下部分为型钢混凝土组合结构，地上部分为装配式钢结构，其中 A 塔楼为钢框架 – 中心支撑结构，结构抗震等级为三级，其中钢柱抗震等级为二级；B 塔楼为钢框架结构，结构抗震等级为三级，其中钢柱抗震等级为二级，

图7.1-29　内装效果图
（图片来源：富煌集团 | 装配式钢结构建筑研究与实践；合肥紫云广场）

图7.1-30 构造示意图
(图片来源：富煌集团 | 装配式钢结构建筑研究与实践：合肥紫云广场)

图7.1-31 结构示意图
(图片来源：富煌集团 | 装配式钢结构建筑研究与实践：合肥紫云广场)

图 7.1-30　　　　　　　　　　图 7.1-31

裙楼为钢框架结构，抗震等级为三级。A、B 塔楼均采用矩形钢管混凝土柱，裙房采用矩形钢管柱，钢梁均为焊接 H 型钢。连廊部分为钢桁架结构，其中柱、斜腹杆为矩形钢管，主梁为焊接 H 型钢，楼板采用钢筋桁架楼承板。连廊为整体桁架式无柱跨层大空间，空间尺度达到 30 m×28 m×9.6 m（H），为工厂分段预制，工业化程度极高，如图 7.1-31 所示。

8. 现浇楼板无立杆模板支撑技术

充分利用钢梁（H 型钢）的特点，通过在钢梁下翼缘上布置可调支托（包括底座、可调托撑和螺母），上安放方钢管（主龙骨），通过螺杆实现可调节支撑的高度调节，进而实现整个支撑结构水平面内的整体可调。

9. BIM 技术应用

本项目全过程使用 BIM 技术，用三维的方式将建筑信息集成到 BIM 模型，从方案阶段到施工阶段实现信息的无缝传递，最终提升建筑品质。项目设计之初既考虑设备与管线系统与装配式钢结构系统的融合，利用 BIM 软件指导设计对各类设备与管线进行综合考虑，减少平面交叉，合理利用空间，同时对设备与管线准确定位，合理避让结构梁板柱，规避了后期凿剔沟槽、开孔、开洞，以及不满足净高要求等现象的发生。

7.1.2　国内装配式住宅

7.1.2.1　深圳市龙华区樟坑地块项目

似乎独立空间单元该项目采用 MiC（Modular integrated Construction）技术，即模块化集成建筑，在设计阶段将建筑拆分为独立空间单元，在工厂内将模块的结构、装修、水电、设备管线、卫浴设施等所有施工工序完成后，在现场通过可靠连接技术快速组合拼装，实现像造汽车一样造房子。

项目场地北侧新樟路为双车道市政路，东侧为坂澜大道高架，南侧、西侧为林地，地形高低悬殊。项目总用地面积为 2.4 万 m²，建设总工期为 365 天，总建筑面积为 17.3 万 m²，其中 MiC 建筑面积为 10.1 万 m²。建筑结构计算高度为99.7 m，最高层为29层，地下3层，MiC模块数量为6028个，如图7.1-32所示。

根据建筑平面布置，将标准层平面主要分为三个区域：模块区域——主要功能房间及阳台；预制区域——预制楼梯；现浇区域——楼梯间、电梯间、走廊等；结构剪力墙布置应根据标准户型相应分布，保证相同户型的模块拆分一致。

根据建筑平面方案，每一标准层主要分为A-1单房户型，A-2单房户型，B两房户型。平面布置规则，户型种类较少，标准化程度较高，如图7.1-33和图7.1-34所示。

图7.1-32 项目效果图
（图片来源：中建海龙 | 深圳市龙华区华章建筑保障性住房项目推介手册）

图7.1-33 户型分布图
（图片来源：中建海龙 | 深圳市龙华区华章建筑保障性住房项目推介手册）

项目采用中国建筑国际集团自主研发的 C-Smart 智慧工地系统，结合 BIM 技术，贯穿设计、生产、运输、现场实施全过程，实现 EPC 全流程智慧建造，如图 7.1-35 所示。

依托 C-Smart 智慧工地平台，搭建 721 智慧施工体系，将工地信息采集、分析汇总，辅助施工管理和决策，科学地对建筑工程的人员、物资、机械设备、进度、质量、安全、环境等进行全方位、全周期的综合监管，同时根据混凝土 MiC 的特点定制项目专属智慧方案，实现基于混凝土 MiC 装配式施工的智慧施工全过程管理，打造行业首创。

A-1单房户型　　A-2单房户型　　B两房户型

图7.1-34　户型平面示意图
（图片来源：中建海龙 | 深圳市龙华区华章建筑保障性住房项目推介手册）

图7.1-35　智慧工地系统流程图
（图片来源：中建海龙 | 深圳市龙华区华章建筑保障性住房项目推介手册）

BIM技术全面应用,结合MiC建造方式的特点,利用BIM技术在设计、生产、运输、安装等全过程统筹协调,保证设计的系统性与完整性。项目模块单元采用BIM正向设计,建筑、结构、设备、内装等各专业紧密配合;依托统一BIM模型,全专业深化设计前置,贯穿工厂智能化生产及精准运输,运用BIM技术分析现场交通流线、模拟施工进度、模拟吊装工序,确保施工进度、质量、安全。

深度应用BIM一体化,以所见即所得三维可视化的方式了解整体的进展,通过BIM进度可视化了解桩基及地下结构工程的每日桩基进展及施工流水段进展,结合MiC模块物资管理全流程,以不同颜色将MiC模块节点数据关联至BIM模型上,可形象可视地了解MiC全过程(比如以节点维度清晰知道各楼栋MiC生产运输安装整体情况,以楼栋维度知道MiC每个节点的生产运输安装情况,同时以关键节点了解实时MiC进展,以及以统计曲线方式了解整体MiC库存等信息)。针对项目场内地形复杂、场外交通受限、路宽不足的实施难点,建立全过程智慧交通调度体系,确保场内外交通顺畅高效。

7.1.2.2 北京市延庆区某住宅项目

该项目位于北京市延庆区,39栋单体实施装配式建造,总面积为180 918.87 m²,单体建筑最高10层,共计1820户。项目结构体系采用装配整体式剪力墙结构,项目定位为预制率大于40%且装配率大于50%,高品质装配化建造的住宅项目。项目的预制构件包括预制外墙板、预制内墙板、预制叠合板、预制空调板、预制楼梯。

1. 建筑设计

本项目平面设计采用左右对称的一梯两户,南北向主要为卧室、起居室、餐厅,楼梯间梯段采用预制构件。

外墙采用预制混凝土外墙板与现浇相结合的体系,局部填充部分采用200 mm厚B05级蒸压加气混凝土条板墙,如图7.1-36所示。

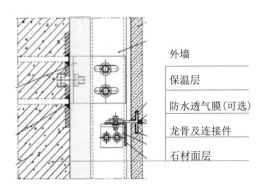

图7.1-36 围护体系结点示意图
(图片来源:土木在线)

2. 结构设计

本工程外墙板采用不带外叶的墙板形式。内外墙板水平板缝采用套筒连接——预制墙板顶部受力钢筋外露，墙底预留套筒，墙板安装完毕后灌注高强无收缩灌浆料，将预制墙板竖向预留钢筋与预埋套筒和结构缝隙连接成一个整体，设计中对剪力墙水平接缝进行受剪承载力验算。屋顶层预制剪力墙顶部设置封闭混凝土后浇圈梁，增强结构整体性。墙体水平后浇带及模型深化节点如图7.1-37所示。

本项目除前室等公共区域以及户内不适合预制的部分，其他部分均采用预制混凝土叠合楼板。叠合楼板由下部预制混凝土底板和上部叠合层组成，预制板厚度最薄为60 mm，现浇层厚度最小为70 mm；预制板表面做成凹凸差不小于4 mm的粗糙面、内设置桁架钢筋，以增加预制板的整体刚度和水平界面抗剪性能。叠合板主要连接节点如图7.1-38所示。

3. 机电装修一体化

在本项目设计过程中，机电设备相关管线做到精装修深度，预制构件在工厂生产时可提供预留预埋的精度，以保证管线预埋的合理性和准确性。在工厂中，预制混凝土外墙板准确预埋电气专业线管、线盒，预制叠合楼板中准确预埋灯具线盒及开关预留孔洞，公共区域管线和传统现浇方式一致。给排水专业在各层楼板上均已预留孔洞，避免了后期对预制楼板的剔凿。各专业预埋如图7.1-39所示。

4. BIM技术设计及其应用

本项目采用PKPM-PC进行构件深化设计，从前期设计到后期深化，

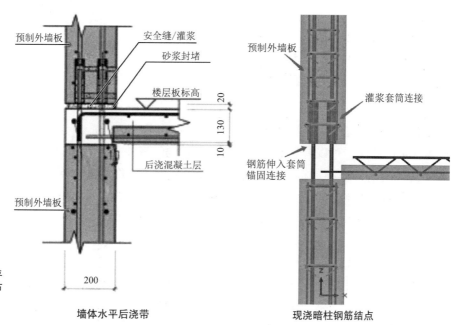

图7.1-37 墙体水平后浇带及模型深化节点详图
（图片来源：土木在线）

墙体水平后浇带　　现浇暗柱钢筋结点

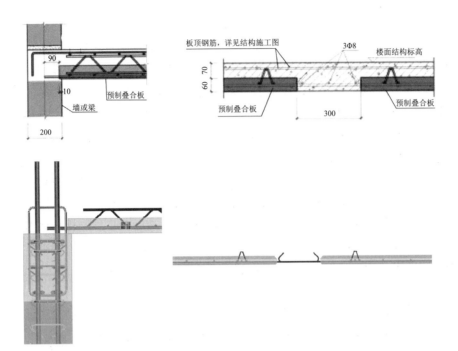

图 7.1-39

图 7.1-40

图7.1-38 叠合板端支座及拼缝连接节点
（图片来源：土木在线）

图7.1-39 专业预埋现场施工
（图片来源：土木在线）

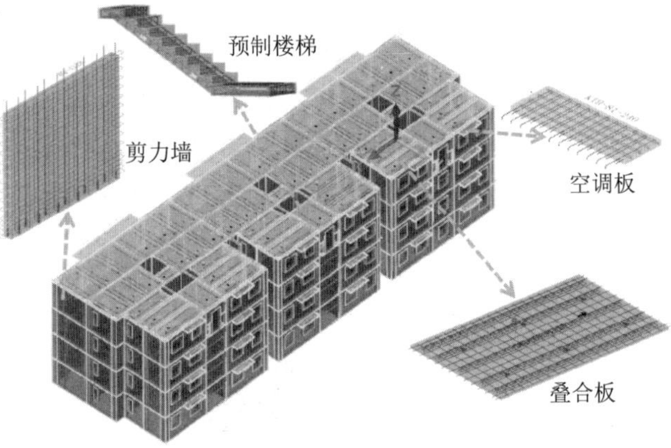

图7.1-40 BIM深化模型
（图片来源：土木在线）

均依托于BIM平台，实现高效的信息查看及综合管理，对产业化的项目产生深远的影响，可以有效地提高产业化项目的经济性及准确性。建筑单体通过采用BIM模型进行深化，可配合解决装配式构件的碰撞问题，并提高了数据统筹工作的效率，极大地简化了设计工作，促进了构件的标准化设计。本项目BIM模型和构件拆分情况如图7.1-40和7.1-41所示。

7.1.2.3 尖山印象公租房

尖山印象公租房建设项目位于长沙高新区北部的东方红镇，基地东临东方红路，南临青山路，西临金相路，北临金湖路，介于信息产业园和新能源节能环保产业园过渡地段的生活配套区内。尖山印象公租房建设项目

第七章 国内外装配式建筑案例

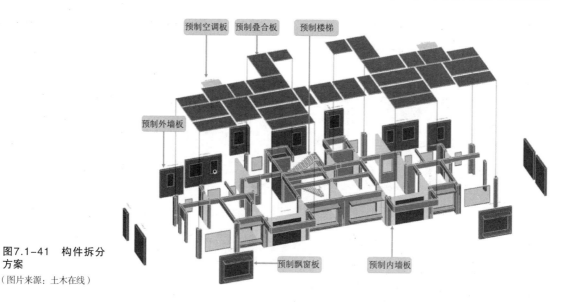

图7.1-41 构件拆分方案
（图片来源：土木在线）

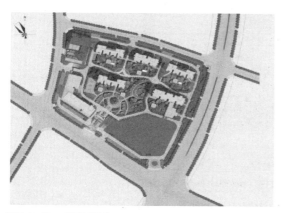

图7.1-42 项目平面图和鸟瞰图
（图片来源：https://www.sohu.com/a/326094096_714527）

的基地面积约45 923.58 m²，总建筑面积213 577.98 m²，其中地上建筑面积179 857.19 m²，地下建筑面积33 720.79 m²。项目整体的抗震设防烈度为6度，建筑密度为21.97%，建筑容积率为3.97，绿地率为40.31%。本项目包括一栋24层综合楼，一栋31层综合楼，一栋32层综合楼，四栋33层高层住宅，一所三层幼儿园及人防地下室，如图7.1-42所示。

尖山印象公租房建设项目采用装配式内浇外挂体系。竖向承重结构均采用现浇，即剪力墙和框架柱都采用全现浇；水平承重构件的楼板、梁和阳台都采用预制和现浇叠合的方式，楼梯的梯段和空调板采用全预制；非承重构件的外围护墙采用预制钢筋混凝土夹芯保温外墙挂板，内墙为预制钢筋混凝土内墙板或轻质条板隔墙。外墙挂板伸筋入梁里，形成了四周围护的空间；由于外墙挂板自带保温，既能形成四周围合的保温效果，也能起到作为现浇竖向承重结构的外模板的作用。

该项目的平面布置比较规则，外轮廓比较规整，有利于装配式建筑标

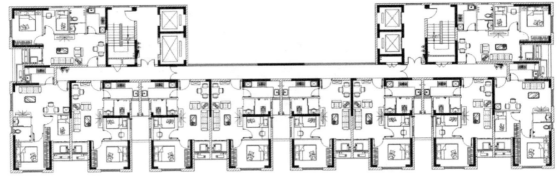

图7.1-43 标准层平面图
（图片来源：https://www.sohu.com/a/326094096_714527）

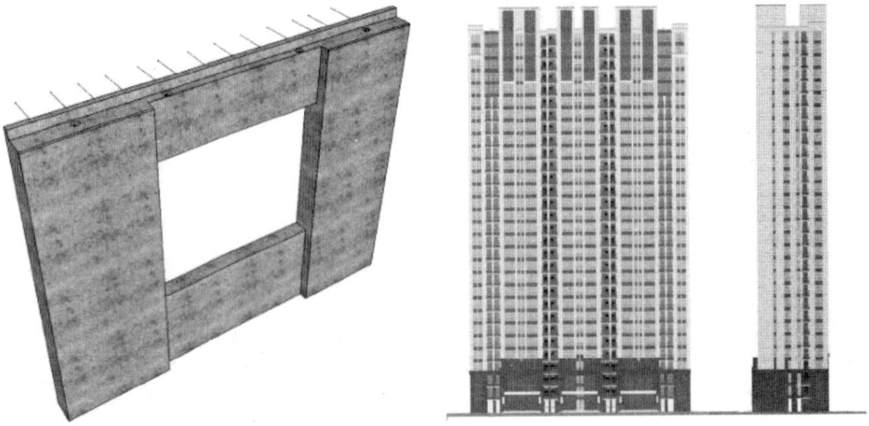

图7.1-44 外墙挂板和立面图
（图片来源：https://www.sohu.com/a/326094096_714527）

准构件的设计、生产和施工。相同标准构件的使用，既能够减少构件模具的制作，同时也能够增加构件的生产效率并减少构件的生产周期，无论从设计环节、工厂生产还是现场施工环节，都有利于整体成本的控制。平面的布置如图7.1-43所示，南向的每个户型卧室尺寸大小都相同，不仅内外墙板的尺寸设计都相同，而且阳台尺寸也一样，比较注重标准构件的设计和使用。从图中可以看到平面的外轮廓比较规整，这种设计既能够减少大量模具的制作和使用，还能极大提高建筑装配的技术指标。

项目采用了不同的预制墙板，其厚度和分割线条不完全相同，使建筑立面的造型更加丰富和精美。建筑可运用不同外挂墙板的厚度起到丰富建筑立面的效果；建筑的预制外挂墙板采用160mm厚和260mm厚这两种不同规格的组合形式，能够直观展示立面造型线条的效果，免去了传统施工后期贴造型线条带来的施工难度和后期安全隐患，同时也更加经久耐用、经济美观，如图7.1-44所示。

外墙挂板之间的拼缝处通过特殊的防水构造和一定的防水材料，能够使外墙挂板具有良好的防水效果。这种双重防水的措施，通过了大量的实际项目的运营管理的反馈，证实了其防水效果比较好。外墙挂板的防水

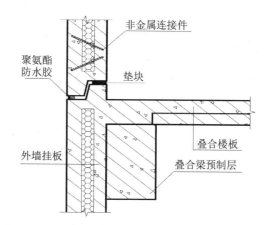

图7.1-45 外墙挂板的节点构造
（图片来源：https://www.sohu.com/a/326094096_714527）

构造之一，是通过将外墙挂板的竖向拼缝设计在有现浇剪力墙的位置，使外墙挂板既能够起到外模板的作用，也能对竖缝构造起到防水保护作用；外墙挂板的防水构造之二，是外墙挂板的企口的设计，如图7.1-45所示，外墙挂板横缝处采用内高外低的企口构造形式，防止了雨水的倒灌和回流，这对于外墙挂板横向拼缝处的防水是至关重要的。

外围护结构的外保温是这个装配式体系的一个显著特点。外墙挂板自带挤塑夹心保温材料，即外墙挂板中间放置保温材料，外墙挂板的钢筋混凝土板中间夹着保温材料，使外墙挂板与保温材料同寿命。这既起到了外墙挂板的保温作用，又避免了保温材料的二次施工作业，也不需要后期对保温材料进行维护，有助于减小现场施工难度和减少现场施工周期，从整体上控制了施工的进度和施工的成本。

7.1.2.4 满京华·云著三期

图7.1-46 效果图
（图片来源：搜建筑网）

满京华·云著三期坐落于深圳iADC国际艺展中心片区。设计主创认为，住宅设计分为三个层次，第一个层次是解决地块的技术问题（规划、户型、日照等），第二个层次是满足普遍追求的美，第三个层次则是风格化探索。在满京华项目中，设计团队决定做一次装配式风格的住宅设计探索，基于20年装配式技术，与业主在合适契机下"超额共创"，不拘泥于既往经验和刻板印象，呈现装配式本身的秩序性、逻辑性、节奏感，以及理性之美、秩序之美、结构之美、建造之美，如图7.1-46所示。

建筑美学基于建造逻辑。装配式从不止于标准化，而在于标准性和个性化的双重追求。项目规划层面，用一条绿色中轴线贯通满京华·云著

图7.1-47 建筑外立面
（图片来源：搜建筑网）

三期和一期、二期的空间节点，在城市场景和谐一致前提下，商业界面和景观界面和而不同。同时，三期6栋住宅楼的楼型进行标准化处理，做到了最大程度的设计统一。产品打造层面，平面融入装配式基因，在功能导向前提下突破传统户型布局，调节窗户和墙面，让内部开间错位，采用标准化、模块化单元，避免立面上空调、凸窗、阳台无序错落，呈现规整简约的空间效果，如图7.1-47所示。构造收官层面，设计转变以往浇筑吊装后再抹灰粉刷的处理方式，通过特别设计的卡子，既是完整的金属收边，又可以保护油灰等填充物，形成与玻璃幕墙一样的秩序美感。

建筑应该归属于场域。生长于艺展中心的满京华·云著三期，延续片区白色立面的基调，也以立面设计映照艺术气质和工业风格。工业化设计语言通过格构元素得到强调，形成既节奏理性又充满律动的立面表情。为实现这一效果，外墙构件在标准化基础上拉通节点，多重比样定制装饰线条，白框统一立面，内部线条用黑色隐藏，在自然的光影变幻下，雕刻装配式建筑的简约之美。明朗色彩与社区丰富绿化相呼应，营造融洽宜居氛围，给予居住者温暖。

7.1.2.5 安徽庐阳某住宅项目

该项目结构体系采用装配整体式剪力墙结构，项目总共分为A、B、C、D四个地块，其中B地块为居住用地，该地块所有住宅单体实施装配式建筑，地上建筑面积77 186.67 m^2。项目的预制构件种类包括预制梁挂外墙、预制夹芯剪力墙、预制剪力墙、轻质内墙板、叠合楼板、预制空调板、预制楼梯。项目单体装配率≥60%，装配式建筑评价等级为A级，如图7.1-48所示。

1. 设计原则

遵循等同现浇的装配设计原则，在拆分设计时，按照以下原则："少户型多组合"原则；构件尽量标准化、模块化；构件尽量平面化，便于生产、运输和安装。应用PKPM-PC软件进行构件拆分、预制构件连接节点分析、

第七章 国内外装配式建筑案例

图7.1-48 项目鸟瞰图
（图片来源：土木在线）

建立构件部品模型库，从而指导预制构件生产及施工。

2. 标准化组合设计

该项目按照"少户型多组合"原则，标准化户型归并为 3 种，不同户型作为可变模块，与固定模块进行组合，形成三种标准单元楼型，实现模块化设计。

3. 关键设计细节

水平构件采用"大板块"以减小现场吊装及拼装的工作量，预制构件的拆分方案遵循受力合理、连接简单、施工方便的原则，本项目最终采用双向板拼缝模式，板拼缝位置尽量避开跨中弯矩最大位置。项目中的阳台区域楼板采用 60（预制）+70（现浇）叠合板；室内楼板采用 60（预制）+70（现浇）叠合板。按《装配式建筑评价标准》（GB/T 51129—2017），突出屋面的附属设施计入装配率计算。

竖向预制构件设计方面，由于预制墙截面简单规则、门窗洞口上下对齐成列布置，综合考虑了运输及施工的可实施性，以 7# 楼单体为例，设计阶段可视化展示是借助参数化的 PKPM 三维实体模型来将建筑工程中实际的梁柱板、节点做法、构件详图等件以点、线、面等形式展现出来，以更细化的形式表达数据、更全面的维度理解数据、更直观地体现建筑的几何信息，如图 7.1-49 所示。

4. 可视化展示

利用 BIM 软件，建立各专业三维几何实体模型，使得项目相关的各专业协同工作中的沟通、讨论、决策在三维模型状态下进行，有利于对建筑空间进行合理性优化；为后续深化设计、冲突检测及三维管线综合等提供模型工作依据。通过 PKPM-BIM 管线综合深化,初、复核各个区域、走道、

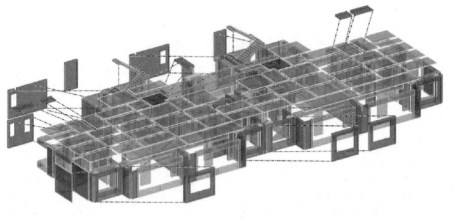

彩图链接

图7.1-49　模型详图
（图片来源：土木在线）

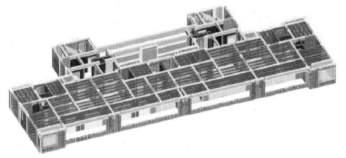

彩图链接

图7.1-50　户型拆分可视化图
（图片来源：土木在线）

门洞等关键部位的净高情况，最大化提升净空高度。审查调整后的各专业模型，确保模型准确，如图7.1-50所示。

7.1.2.6　北京龙湖云璟：筑享云平台为智能建造赋能

龙湖云璟项目（别名：云享蓝谷家园）由北京龙湖房地产有限公司开发建设，项目坐落于朱辛庄地铁站西侧，北清路与昌平东路交界处，项目占地面积15 214 m²，总建筑面积65 936 m²，地上面积42 600 m²，地上18层，地下3层，共5栋楼（图7.1-51）。龙湖云璟项目是北京首个大规模应用SPCS商品房落地项目，是三一筑工科技股份有限公司与龙湖房地产有限公司联合打造的智能建造5G灯塔工地。该项目采用三一筑工SPCS空腔预制墙，装配率超过50%。

1. 智能策划

项目前期阶段通过三一筑享云平台SPCP模块，在线编制主控计划，策划基本工期并落实责任主体，所有参建单位通过平台进行沟通协调、成果交付，以此推进关键角色、关键要素、全周期在线协同，确保项目计划顺利实施，如图7.1-52所示。

2. 数字化设计

本项目采用三一筑工科技股份有限公司与北京构力科技有限公司共同打造的行业内真正打通装配式建筑设计、生产数据链的国产深化设计软

第七章 国内外装配式建筑案例

图7.1-51 效果图
（图片来源：预制建筑网）

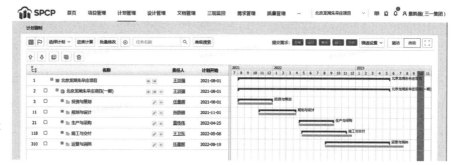

图7.1-52 三一筑享云平台
（图片来源：预制建筑网）

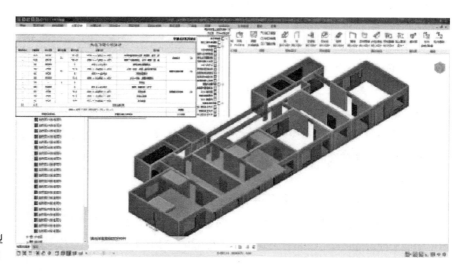

图7.1-53 数字化模型
（图片来源：预制建筑网）

件 PKPM+SPCS。其嵌入 SPCS 结构专利技术，依照中国规范进行结构建模计算一体化设计，满足 SPCS 结构技术墙、柱、梁、板全预制，地上、地下全装配的智能深化设计要求，并为构件生产、施工提供数据支持，实现基于 BIM 的数字孪生，如图 7.1-53 所示。

177

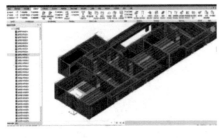
快速拆分

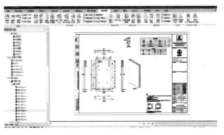
合规计算

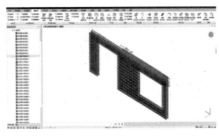
智能深化

一键图表

图7.1-54　设计流程
（图片来源：预制建筑网）

PKPM+SPCS 软件符合建筑行业通用设计流程及设计师操作习惯，5步完成装配式建筑深化设计，软件可做到模型的快速创建、方案优化设计、计算的安全分析、构件的准确深化等。同时，软件可根据项目设计要求，指定构件进行深化设计。通过内置的 SPCS 技术设计规则，一键拆分生成 SPCS 构件和现浇节点，并可快速统计装配率和预制率等指标，辅助设计师完成最优的方案设计。基于模型，一键批量生成构件详图、平面布置图以及清单统计表，包括构件 BOM 清单和物料清单等，准确度高，可直接用于指导和数字驱动构件生产加工，如图 7.1-54 所示。

3. 一件一码精准管理

结合物联网技术，通过"一件一码"将设计数据导入 PCM 生产管理平台形成构件台账，以数据驱动生产，通过机械、生产、能源、物料功能模块远程监控生产状态和控制各设备，及时对生产中的问题进行排查。工厂根据施工现场要货情况制订运输计划，实时跟踪物流，保证生产与施工进度的精确衔接。

4. 基于 BIM 模型的 5G 灯塔工地

5G 灯塔工地由筑享云＋5G＋工模技术＋面内作业＋智能装备组成。5G 灯塔工地在基于 SPCS 结构体系构件装配的"1.0 工业化"、工模技术与 BIM-PCM 孪生建造的"2.0 自动化"基础上，目前已经进阶"3.0 在线化"阶段。3.0 阶段可以实现工位器具全周期管理，面内作业全要素、全角色数据在线。未来，将通过强化"智能装备＋算法软件"双引擎，打造"4.0 数智化"灯塔工地，全面实现计划、设计、制造、施工等关键角色、关键要素在线协同，达成实时动态全局最优。其中，三一筑工智能施工，以 PC

构件的装配化施工全流程为主线，聚焦主体结构，在吊、量、定、浇、测全场景智能化和主体结构BIM孪生、仿真两个方面形成灯塔效应。

7.2 国外装配式建筑

7.2.1 澳大利亚Assembly Three装配式木屋

项目由阿德莱德建筑与室内事务所Studio Nine Architects设计，是一系列高质量、可定制的装配式木屋，目前这一系列包含五种面积功能不同的空间单元，非常适合游客住宿，或是作为度假屋。这一概念的诞生是为了应对后疫情时代，由于出国旅行被限制，人们对家中额外空间的需求变得空前高涨，无论是作为居家办公空间还是休闲小屋，Assembly Three都是一个不错的选择，见图7.2-1。

目前市场上已经出现了许多预制产品，而独特的结构使Assembly Three脱颖而出。本项目采用了一种名为XFrame、来自新西兰的创新式轻量化的木结构系统。模块化、可持续的新时代建造技术灵活地适应了不同类型的场地，即使在最崎岖的地方也可轻易搭建。为了最大限度地减少建筑垃圾，并实现完全可重复利用的结构系统，XFrame比标准木墙框架少使用30%的材料，它既具有强大的负碳优势，同时还可快速回收。简单地说，XFrame是一种智能的"平面插件"系统，任何人都可以在现场轻松组装，见图7.2-2。

图7.2-1 鸟瞰远景图
（图片来源：Assembly Three装配式木屋，澳大利亚/Studio Nine Architects，谷德设计网）

图7.2-2 22 m² 的装配式小单间
（图片来源：Assembly Three 装配式木屋，澳大利亚 / Studio Nine Architects，谷德设计网）

许多类似的可运输产品，例如海运集装箱，在被吊装到位之前都需要通过卡车运输到现场。而 XFrame 则使 Assembly Three 产品不受物流限制，轻巧便携的结构使建造过程永远不会卡在卡车运输的途中，打破了传统意义上不适于建造的场地限制，例如不允许重型车辆进入的位置，为人们提供了真正的离网体验。

本项目的空间框架设计基于对 XFrame 产品性能的深入分析，首先将标准的框架单元组合在一起，然后通过增加或削减体量与地板面积，创造出不同尺度的空间以满足使用者对功能的不同需求。本项目中首先设计完成的是 22 m² 的装配式小单间，紧凑的多用途空间非常适合隐居或者居家办公使用。其次是 27 m² 的组装办公室，除了为 1~2 人提供灵活的工作环境外，还设有独立的厨房与分隔空间。

针对旅游市场，有三种住宿产品可供选择，分别为装配式小木屋、套房，以及豪华套房。每个房间可睡两个人，配有小厨房、浴室、壁炉，以及带有顶棚的露台区域，相对于典型的移动式露营舱来说，Assembly Three 的面积更大且更舒适，堪比高端酒店套间带来的居住体验。45 m² 的装配式小木屋是为大篷车停车场或小占地面积的单身公寓而定制设计的。略大的 68 m² 装配套房中包括一个专用的休息室、餐厅，以及一个开敞的跃层空间，开放式的平面布局为人们提供了广阔的景观视野。最大的豪华套房面积为 82 m²，也是该系列中首个设有夹层卧室的套房，这种设计不仅释放了额外的面积，还将视野扩展拔高，使产品灵活适应各种场地，见图 7.2-3、图 7.2-4。

所有设计都是完全独立的，集成服务设施与附属设备都采用了隐藏式的安装手法，这种设置使建筑没有了正立面与背立面的区别，真正做到了

第七章　国内外装配式建筑案例

图 7.2-3

图 7.2-4

图7.2-3　27 m²的组装办公室
（图片来源：装配式木屋，澳大利亚/Studio Nine Architects，谷德设计网）

图7.2-4　能够适应任何地形的木屋套间
（图片来源：装配式木屋，澳大利亚/Studio Nine Architects，谷德设计网）

图7.2-5　XFrame创新式轻量化的木结构系统
（图片来源：Assembly Three装配式木屋，澳大利亚/Studio Nine Architects，谷德设计网）

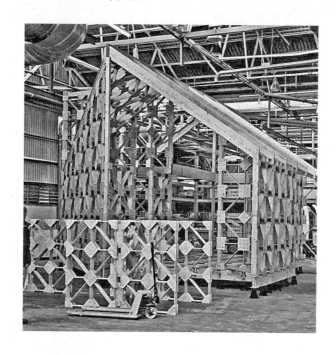

360°无死角。此外，由于Assembly Three没有采用典型的木结构框架，也没有在框架结构中使用钢材，因此，当前材料供应短缺和每周价格上涨的问题不会对本项目的建造时间与建造成本造成影响（图7.2-5）。

样品木屋已经于XFrame位于阿德莱德Tonsley创新区的总部中搭建完成，可供潜在客户参观。目前，该产品已经进入待售阶段，Assembly Three公司与Studio Nine Architects事务所参与了整个设计和交付过程。一旦建成，产品的运营将由买方负责，例如Assembly Three的住宿产品，酿酒厂、旅游供应商或开发商都是十分理想的潜在客户。

7.2.2　莫斯科DD16模块住宅

DD16是一座体量紧凑的模块化住宅，适合安装在较为偏僻或气候较

181

图7.2-6　住宅外观

（图片来源：DD16模块住宅，莫斯科/BIO Architects，谷德设计网）

为极端的地区。该住宅由两个在工厂制造的模块构成。

该房屋被构想为一个可以随处移动的旅行设施，其每个细节均经过了仔细考量，可适应非常恶劣的气候条件（见图7.2-6）。相比于普通的住宅，该所有的结构部件和内部装饰均能够根据使用需求进行调整。建筑的框架由带有卡口的层压木构成，能够帮助降低结构的重量并减少冷桥的出现。

聚氨酯泡沫塑料被用作保温层，其硬度能够帮助减少内部包层材料的使用。外墙饰面采用了复合铝板，形成完整的无缝表面。这种轻型的材料能够抵挡来自环境的侵袭，同时也被运用在厨房的墙面。室内空间充分地展现了小体量所蕴含的潜力，同时提供了尽可能舒适的空间。住宅中包含了带有淋浴间的浴室、双人床、餐桌，以及可以安装柴火炉的自由空间，见图7.2-7。

宽阔的窗户和充足的光线增强了空间的视觉效果。室内装饰也采取了相同的手法，呈现出坚固、轻盈且高效的特征。隐藏的壁龛被用于存放物品，部分家具还可以进行改装或折叠。

项目工作人员在不同的条件下对房屋进行了测试。2016年11月，该住宅被安装在湖面的浮桥上。隐藏在下方的模块化浮筒与房屋的框架是同时制作的，因此可以使房屋直接漂浮在水上。多孔的房梁使房屋可以通过吊车或直升机进行搬运，从而在各种环境条件下轻松地完成所有的装配工作。房间内运用了各种自动化系统，包括太阳能发电、湖水再利用和生态厕所等。该结构还可以很轻松地适应其他类型的环境条件，见图7.2-8。

在 Dubl Dom Club 的支持下，住宅目前正在以出租屋的形式进行测试，在众多客户的使用之后，住宅将得到来自不同人群的测试反馈。被测试者将会划船进入漂浮在水上的住宅，并在里面度过一整天。住宅位于莫斯科附近，朝向树木的玻璃立面会使人如同置身于森林地带的野湖。房屋随着风吹转向不同的方向，带来持续变化的室外图景。

图7.2-7　建筑内部装修
（图片来源：DD16 模块住宅，莫斯科 / BIO Architects，谷德设计网）

图7.2-8　房屋可以利用隐藏在下方的模块化浮筒直接漂浮在水上
（图片来源：DD16 模块住宅，莫斯科 / BIO Architects，谷德设计网）

7.2.3　南非Drivelines Studios住宅楼

Drivelines Studios 是一座住宅楼，位于南非约翰尼斯堡的 Maboneng。这片地区刚刚经历了城市化更新，该项目提供了新的城市生活模型，旨在吸引人们重新回到城市之中，见图 7.2-9。

为了回应三角形的地块，项目被设计成了两栋沿街住宅，在东部转角处相连，中间形成室外社交庭院。建筑的沿街面与地块边线齐平，庭院通过楼梯间连接。电梯和连桥连通了所有楼层，开放的流线鼓励住户走出房间，到室外空间活动，见图 7.2-10。

图7.2-9　建筑外观
（图片来源：Drivelines Studios 住宅楼，南非 / LOT-EK，谷德设计网）

图7.2-10　两栋楼房相连的转角空间
（图片来源：Drivelines Studios 住宅楼，南非 / LOT-EK，谷德设计网）

图7.2-11　建筑位于新兴的城市区域中
（图片来源：Drivelines Studios 住宅楼，南非 / LOT-EK，谷德设计网）

图7.2-12　立面细部
（图片来源：Drivelines Studios 住宅楼，南非 / LOT-EK，谷德设计网）

建筑由 140 个集装箱组成，这些集装箱经过精心挑选，不用重新涂装，即可用于建造。它们被现场加工成一个个体块单元。工人连接每个集装箱长面上的角点和中点并沿其进行切割，形成面向街道和内部庭院的大面积开窗。将这些集装箱堆叠在一起后，重复或镜像的开口形成了建筑的立面图案（图 7.2-11、图 7.2-12）。

地面层沿 Albertina Sisulu 路设置商铺，后部为住宅。庭院只面向住户开放，其中设有花坛和泳池。2~7 层均为住宅，平面全部采用开间设计，大小从 30 m² 到 55 m² 不等。所有居住单元都包含一个面向庭院的步道户外空间。

建筑及其周边新兴的社区将帮助激活城市空间，在城市复兴计划中起到积极作用。

7.2.4　西班牙露德圣母学校体育馆

该项目在托雷洛多内斯政府的提倡下得以实施，旨在通过小规模的建筑干预来改善当地公立学校的陈旧现状，同时能够以非常低的成本在校园中引入生态保护的概念（图 7.2-13）。

项目要求在既有的教学楼旁边建造一个小型的体育活动场馆。建筑师打破了此类建筑惯有的封闭形式，在东边的立面上设置了十分宽阔的窗户，从而将天空的景致引入室内（图 7.2-14）。

项目的主要思路是将这座场馆设计为一个可拆卸的结构，使其能够迅速搭建，且兼具可持续和创新性的特点。建筑师在此基础上引入了由制冷板（一种工业中常用的材料）构成的可拆卸自支撑结构，轻盈而高效的特性使其能够迅速组装并在未来重复使用。这种板材的厚度为 10 cm，建筑的总质量不到传统建筑重量的四分之一。

第七章　国内外装配式建筑案例

图7.2-13　建筑外观
（图片来源：露德圣母学校体育馆，西班牙 / Picado-De Blas Arquitectos，谷德设计网）

图7.2-14　东边的立面上设置了十分宽阔的窗户
（图片来源：露德圣母学校体育馆，西班牙 / Picado-De Blas Arquitectos，谷德设计网）

除了工业板材系统之外（图 7.2-15），该项目的创新性还体现在室内吸声材料的运用上。地板下方铺设有特殊的吸收层，能够有效减少地面冲击；专为该项目定制的 3D 纺织材料还能够显著抵消墙壁上的回音和回响。

7.2.5　伦敦拱形隧道

拱形隧道项目代表了一种以设计为主导的城市战略，旨在给整个伦敦

185

图7.2-15 地板饰面使用了再生的工业橡木

（图片来源：露德圣母学校体育馆，西班牙 / Picado-De Blas Arquitectos，谷德设计网）

乃至英国的废弃空间重新注入活力。为此，Boano Prišmontas 设计了一个数字化的结构系统，该系统采用干接缝技术来进行构件的拼装，同时利用各种废弃的口袋空间，如铁路穿过的拱形隧道、地下车库和多层停车场等。该项目的目的是创建一套易于组装的构件系统，以便于人们根据自己的需求来进行拼装，其价值在于超高的灵活性、暂时性和可持续性。Boano Prišmontas 希望与开发商和地方议会达成合作关系，制定一系列短期和中期的城市更新策略，从而为本地企业和一些初创企业提供经济、快速的工作空间，见图 7.2-16。

这个数字化的结构系统由两个构件元素组成。

1. 盒状构件

通过对胶合板进行数控切割可以得到一系列形状大小完全相同的模块化片材，这些片材拼接成一个个方盒子，沿着拱形空间洞口一侧的墙体堆叠起来，可以作为梁的支撑结构，也可以容纳聚碳酸酯覆层。

图7.2-16 从室外看拱形隧道空间内部
（图片来源：拱形隧道，伦敦 / Boano Prišmontas，谷德设计网）

2. 梁

形状大小完全相同的数控切割的胶合板可作为横梁使用，这些构件可以顺着拱形的边缘逐渐向上排布，并通过绝缘的片状接缝结构连接在一起，最大跨度可以达到 7.2 m。见图 7.2-17~ 图 7.2-19。

在空心的盒状构件的外侧设置聚碳酸酯立面，尽可能多地将自然光线引入室内空间。同时，当夜幕降临的时候，室内灯光从透过半透明的聚碳酸酯立面透出来，街上的行人可以隐约看到空间内正在上演的一系列故事。

项目的结构体系旨在挑战 Network Rail（Arch Company 的前身）对于拱形洞内部空间的标准设计手法。项目的局限性在于仅允许经过认证的安装人员来将内饰面直接固定在砖制穹顶上，因此 Boano Prišmontas 围绕着这一现有条件进行设计。他设计了一个可以自行拼装的独立插件结构，该结构可以作为一个基础构件，后续施工人员可以根据具体的需求来填充空间。

拱形隧道项目可以结合各种内饰面，也可以安装各种具有特色的构件，见图 7.2-20。如数控切割加工的门体、家具和可以钉钉子的软木墙等。值得一提的是，新的拱形隧道项目大大降低了成本，不仅如此，它的工期较短，从而成了全国范围内处理复杂空间的首选方案。

项目选用经过认证的桦木胶合板作为整个结构的板材。同时，为了项目的顺利推进，设计师还进行了仔细的研究和一系列原型设计的尝试，最终达到了构件尺寸和构件重量、结构完整性和施工便捷性之间的平衡。选择数控切割技术，确保了板材生产的效率，同时最大限度地减少了材料的

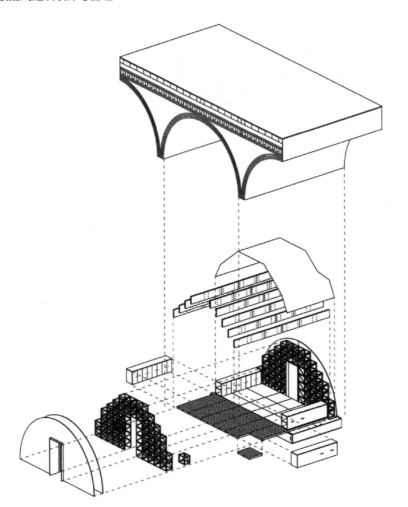

图7.2-17 爆炸轴测图
(图片来源：拱形隧道，伦敦 / Boano Prišmontas，谷德设计网)

图7.2-18 拱形隧道空间室内，由盒状构件和木梁构件组成
(图片来源：拱形隧道，伦敦 / Boano Prišmontas，谷德设计网)

图7.2-19 拱形隧道空间室内，横梁两端架在盒状构件上
（图片来源：拱形隧道，伦敦 / Boano Prišmontas，谷德设计网）

图7.2-20 构件的连接方式
（图片来源：拱形隧道，伦敦 / Boano Prišmontas，谷德设计网）

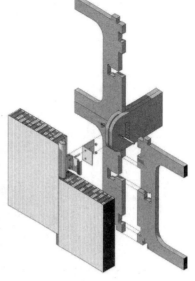

图 7.2-19　　　　　图 7.2-20

浪费。此外，数控切割过程中所产生的胶合板粉尘也可用于制造生物塑料板。值得一提的是，Boano Prišmontas 还利用项目施工过程中所产生的边角料创造了一系列设计作品。

本项目的另一个重点在于其可塑性，从胶合板结构到表皮结构和隔热板，每个组件都可拆卸并进行二次利用。实际上，干接缝技术使得结构在组装过程中不再依赖螺丝、钉子和黏合剂。每个构件和片材都可以通过嵌合的方式简单地连接在一起，这也使得施工过程不再完全依赖专业的技术人员。此外，组装过程本身也变成了一种活动，当地社区里的住户、慈善协会和青年俱乐部都可以参与其中，从而提高了社会的积极性。

拱形隧道是一种独特的城市空间，它们可以容纳包含零售和生产在内的各种功能空间，如工作室、实验室、车间、机房、商店、微型啤酒厂和联合办公空间等。这些拱形隧道空间可谓是"富饶的伦敦"的城市支柱。本项目致力于在有限的时间内建造宽敞温暖、干燥舒适的空间，在确保和促进功能多样性的前提下，为当地企业提供一系列经济的办公场所。

7.2.6　丹麦奥尔堡东港G2停车楼

这座位于丹麦第三大自治市奥尔堡东港的新停车设施，使汽车、行人和野生动物均从中受益。在 Sangberg 事务所的设计下，原本基于十分明确的目的而建造的理性设施不再仅限于提供停车的功能。

图7.2-21 建筑外观
(图片来源：奥尔堡东港G2停车楼，丹麦/Sangberg，谷德设计网)

G2停车楼周围分布着许多大体量的建筑，其所在场地正经历着从工业港口到全新多元社区的转变。停车楼可以容纳590辆汽车，紧凑的体量外部以带有有趣图案的立面围合。整个建筑凭借简洁实用的设计原则和平铺直叙的材料运用，呼应了该区域曾经的工业美学。整体设计概念十分简单，它例证了极简的材料和色彩也能够创造实用且美观的设施，同时为其周围环境创造价值。

立面设计使用了富有动感、轻盈且醒目的语言，会因为观看者的视角和观察方式而产生变化：不论是开车还是步行经过，建筑的外观都会根据行进的速度呈现出动态的效果。同时，观看距离、光线和季节的变化都会影响观看者对其外观的感受，从而为附近的行人提供生动的视觉体验。

7.3　本章小结

通过以上案例的分析研究，对国内外装配式的研究和发展有了一定的了解。尤其是近年来，随着国内双碳政策的持续推进，国内装配式建筑的发展取得了长足的进步，无论是在建筑的结构，功能还是形式上，颠覆了人们对传统装配式建筑的认知，假以时日，相信国内的装配式建筑一定能得到更好的发展。

参考文献

[1] 筑医台资讯.引领国内全工业化装配式装饰工程的医院项目：杭州市中医院丁家桥区[EB/OL].（2023-10-07）[2024-01-11]. https: //mp.weixin.qq.com/s/gQKSUdIPJbCFWpndaxFWgg

[2] https://www.gooood.cn/capol-dream-office-china-by-capol.htm

[3] http://dohurd.ah.gov.cn/zx/mtjj/56952061.html

[4] http://www.archcollege.com/archcollege/2023/12/53074.html

[5] 陶亮,杨金旺,陈建鸿.高校装配式宿舍楼关键施工技术研究[J/OL].施工技术（中英文）,1-6[2024-01-11]. http://kns.cnki.net/kcms/detail/10.1768.TU.20240109.1410.002.html.

第八章 结语——装配式建筑的未来发展

自 2020 年我国提出"双碳"(碳达峰碳中和)目标已有 4 年多的时间，从我国制定的"双碳"目标来看，建筑行业作为碳排放的主要行业，要对原材料、施工技术和运维管理等方面进行一定的革新，方可减少建筑工程对环境造成的影响。装配式建筑作为建筑行业的新兴技术之一，在"双碳"目标下有着独特的优势，不仅能够减少工程的资源消耗，减轻对环境造成的影响，还能够降低工程的造价与施工周期，近年来得到了快速发展。

当前，信息化技术已经在装配式建筑的设计、生产、建造、施工、运维等全生命周期管理中得到了广泛应用，也大大提高了装配式建筑的施工精度和施工效率。装配式建筑作为现代建筑行业的重要发展方向，其未来趋势呈现出几个关键特点：

1. 智能化和数字化

随着互联网、大数据和人工智能技术的发展，装配式建筑将更加注重智能化和数字化管理。例如，通过智能传感器和数据分析技术，可以实现建筑的能耗监测、故障预警和智能维护，提高建筑的使用效率和安全性。

2. 可持续发展和环保

全球对环境保护和可持续发展的重视，使装配式建筑更加注重使用可再生材料、节能技术和环保工艺，以减少对环境的负面影响。

3. 个性化和定制化

随着人们对居住和工作环境的个性化需求增加，装配式建筑需要更加注重满足不同客户的定制需求，通过灵活的设计和模块化构件的组合，实现建筑的个性化定制。

4. 集成化

通过集成智能家居、智能照明、智能能源等系统，提高建筑的舒适性和节能性，满足人们对于智能化生活的需求。

5. 自主化制造和精细化设计

工业 4.0 时代的到来，使装配式建筑逐渐实现模块化、自动化生产和装配，从而提高生产效率和质量，降低成本。

6. 绿色化建造和应用广泛化

装配式建筑的应用范围正在不断扩大，包括住宅、办公楼、酒店、小型商业建筑等多个领域；尤其是在灾后重建和"平疫结合"式医院等领域，装配式建筑由于其快速建造和可拆卸、可重复周转使用等优势将发挥越来越大的作用。

总的来说，装配式建筑未来的发展方向将涵盖智能化和数字化、可持续发展和环保、个性化和定制化，以及集成化等多个方面，这些趋势将共同推动装配式建筑行业的发展，为社会的可持续发展和人们生活质量的提升做出更大贡献。